高等职业教育本科新形态系列教材

人工智能应用基础项目式教程

程显毅　陈凤妹　王　岩　编著

机 械 工 业 出 版 社

在数字化、智能化的时代背景下，人工智能已经成为推动社会进步和科技发展的重要技术。本书以面向应用、面向实战为指导思想，紧扣企业技术人才培养的特点，在知识点讲解和实践中避免复杂的理论，帮助读者快速上手，体验人工智能的魅力，以激发学习兴趣。

本书覆盖了新一代人工智能的核心知识点。全书共 8 个项目。项目 1 介绍新一代人工智能的产生背景、主要内涵。项目 2 介绍人工智能编程语言 Python。项目 3、4 介绍新一代人工智能关键技术——机器学习、深度学习，有助于读者理解人工智能的应用。项目 5~8 介绍大模型下人工智能在视觉、语言和听觉领域的应用，不仅能够帮助读者巩固所学知识，更能激发读者的创新思维和实践能力，使其能够在实际工作中灵活运用人工智能技术解决问题。

本书可用作职业本科、高职院校"人工智能导论"通识课程的参考书或教材，也适合作为人工智能爱好者的自学参考书。无论是初学者还是有一定基础的读者，都能够从本书中获得有益的启示和帮助。

本书配有授课电子课件、教学大纲、微课视频等配套资源，需要的教师可登录 www.cmpedu.com 免费注册，审核通过后下载，或联系编辑索取（微信：18515977506，电话：010-88379753）。

图书在版编目（CIP）数据

人工智能应用基础项目式教程 / 程显毅，陈凤妹，王岩编著． -- 北京：机械工业出版社，2025.2．
（高等职业教育本科新形态系列教材）． -- ISBN 978-7-111-77382-5

Ⅰ．TP18

中国国家版本馆 CIP 数据核字第 20250NF858 号

机械工业出版社（北京市百万庄大街 22 号　邮政编码 100037）
策划编辑：汤　枫　　　　　责任编辑：汤　枫　赵晓峰
责任校对：郑　婕　张昕妍　　封面设计：张　静
责任印制：单爱军
北京虎彩文化传播有限公司印刷
2025 年 4 月第 1 版第 1 次印刷
184mm×260mm・17.25 印张・432 千字
标准书号：ISBN 978-7-111-77382-5
定价：69.00 元

电话服务	网络服务
客服电话：010-88361066	机 工 官 网：www.cmpbook.com
010-88379833	机 工 官 博：weibo.com/cmp1952
010-68326294	金　书　网：www.golden-book.com
封底无防伪标均为盗版	机工教育服务网：www.cmpedu.com

前言

随着科技的飞速进步，人工智能（AI）已逐渐渗透到人们日常生活的每一个角落，改变着人们的工作、学习和生活方式。本书的核心目标是帮助读者打下坚实的人工智能基础，理解常用术语和关键技术，了解人工智能发展前沿，并能够通过实践项目体验人工智能技术应用场景。之所以强调"体验"，是因为我们相信只有体验，才能为后续的深入学习和实践提供有力的支撑。本书从人工智能的起源、发展和应用讲起，逐步深入到机器学习、深度学习、Python、计算机视觉、自然语言处理、大模型、ChatGPT、Prompt、智能体等关键技术，力求为读者提供一个全面而系统的人工智能知识体系。

同时，我们也重视"应用"。本书不仅关注理论知识的讲解，更注重实际应用能力的培养。我们精选了实验平台，如 PaddlePaddle、EasyDL、文心一言、文心智能体平台等，通过这些实验环境，让读者在动手实践中感受人工智能的魅力和实用性。

此外，"案例"也是本书的一大特色。我们精心设计了多个真实场景下的应用案例，每个案例都包含了详细的预备知识、实施步骤和知识拓展。这些案例不仅能够帮助读者巩固所学知识，更能激发读者的创新思维和实践能力，使其能够在实际工作中灵活运用人工智能技术解决具体问题。

我们相信，通过本书的学习，读者不仅能够掌握人工智能的基础知识，提升应用技能，还能为未来的职业发展和技术创新打下坚实的基础。

本书项目 1、项目 2 由程显毅执笔，项目 3~5 由陈凤妹执笔，项目 6~8 由王岩执笔。由于经验和水平有限，书中难免有不足之处，希望广大读者在阅读本书的过程中能够提出宝贵的意见和建议，以便我们不断完善和提高。

让我们共同开启人工智能的奇妙之旅吧！

编著者

目录

前言
项目1 进入人工智能时代 1
　任务1.1 智能电视创意 1
　【任务描述】 1
　【预备知识】 2
　　1.1.1 人工智能三次浪潮 2
　　1.1.2 人工智能与自动化 6
　　1.1.3 人工智能产业链 6
　【实施过程】 7
　【知识拓展】 8
　　1.1.4 人工智能内涵和外延 8
　　1.1.5 人工智能三个层次 9
　任务1.2 了解新零售 10
　【任务描述】 10
　【预备知识】 10
　　1.2.1 体验电商 10
　　1.2.2 垂直电商 13
　　1.2.3 高效电商 15
　　1.2.4 服务电商 16
　【实施过程】 17
　【知识拓展】 17
　　1.2.5 推荐系统 17
　　1.2.6 用户画像 19
　任务1.3 认识机器人 20
　【任务描述】 21
　【预备知识】 21
　　1.3.1 机器人构成 21
　　1.3.2 机器人分类 22
　　1.3.3 机器人技术 26
　　1.3.4 机器人发展趋势 27
　　1.3.5 智能制造 27
　【实施过程】 32
　【知识拓展】 32
　　1.3.6 人工智能在制造业生产环节中的应用 32
　　1.3.7 人工智能在制造业中的其他应用场景 34
　任务1.4 抓住新一代人工智能发展的新机遇 35
　【任务描述】 35
　【预备知识】 35
　　1.4.1 人工智能赖以生存的土壤——物联网 35
　　1.4.2 人工智能的算力基石——云计算 41
　　1.4.3 人工智能的血液——大数据 43
　【实施过程】 47
　【知识拓展】 49
　　1.4.4 数据的真实性和安全性保障——区块链 49
　　1.4.5 元宇宙 52
项目2 掌握人工智能编程语言Python 55
　任务2.1 初识Python——打招呼 55
　【任务描述】 55
　【预备知识】 56
　　2.1.1 常量与变量 56
　　2.1.2 赋值语句 57
　　2.1.3 输入与输出 58
　　2.1.4 编程风格 58
　　2.1.5 Python开发环境Notebook 59
　【实施过程】 63
　任务2.2 分支结构——计算应发放奖金 64
　【任务描述】 64

【预备知识】	65
2.2.1 运算符	65
2.2.2 单分支	66
2.2.3 双分支	67
2.2.4 多分支	67
【实施过程】	68
任务 2.3 循环结构——重复打印一句话 100 遍	68
【任务描述】	68
【预备知识】	69
2.3.1 for 循环结构流程图	69
2.3.2 while 循环结构流程图	70
2.3.3 break 和 continue	70
【实施过程】	71
任务 2.4 数据结构——账号密码登录模拟	71
【任务描述】	72
【预备知识】	72
2.4.1 字典	72
2.4.2 动态赋值	74
【实施过程】	74
任务 2.5 模块——查询女学生的学号与姓名	75
【任务描述】	75
【预备知识】	76
2.5.1 模块	76
2.5.2 数据框	77
【实施过程】	79
项目 3 让机器拥有"举一反三"能力——机器学习	80
任务 3.1 安装 Python 机器学习算法库	80
【任务描述】	80
【预备知识】	80
3.1.1 机器学习背景	80
3.1.2 机器学习概念	83
3.1.3 机器学习过程	83
3.1.4 机器学习分类	84
【实施过程】	85
任务 3.2 准备数据	87

【任务描述】	87
【实施过程】	87
3.2.1 数据集	87
3.2.2 数据预处理	89
3.2.3 数据集划分	91
任务 3.3 选择算法训练模型	92
【任务描述】	92
【预备知识】	93
3.3.1 机器学习常用算法	93
3.3.2 损失函数设计	96
3.3.3 参数优化	99
【实施过程】	99
任务 3.4 计算准确率和召回率	99
【任务描述】	99
【预备知识】	101
3.4.1 分类任务评估指标	101
3.4.2 回归任务评估指标	102
【实施过程】	102
任务 3.5 未知样本输出预测	103
【任务描述】	103
【预备知识】	103
3.5.1 泛化能力	103
3.5.2 交叉验证	104
【实施过程】	104
项目 4 让模型结构更"接近人脑"——深度学习	106
任务 4.1 熟悉神经网络模拟器 PlayGround	107
【任务描述】	107
【预备知识】	107
4.1.1 神经元模型	107
4.1.2 全连接神经网络	108
4.1.3 基于神经网络的机器学习	111
【实施过程】	112
任务 4.2 利用卷积神经网络检测黑白边界	115
【任务描述】	115
【预备知识】	115
4.2.1 卷积神经网络适合图像处理	115
4.2.2 卷积操作	116

4.2.3 池化操作 ·········· 117
4.2.4 卷积神经网络 ······ 118
【实施过程】············ 118
【知识拓展】············ 119
4.2.5 循环神经网络 ······ 119
4.2.6 长短时记忆网络 ···· 121
4.2.7 对抗神经网络 ······ 122
任务 4.3 利用深度学习框架
PaddlePaddle 识别车牌 ····· 124
【任务描述】············ 124
【预备知识】············ 125
4.3.1 深度学习产生的背景 ··· 125
4.3.2 深度学习基本原理 ··· 126
4.3.3 深度学习框架 PaddlePaddle ··· 127
【实施过程】············ 129
【知识拓展】············ 130
4.3.4 强化学习 ·········· 130
4.3.5 自动驾驶 ·········· 131
4.3.6 智慧交通 ·········· 132

项目 5 让机器拥有"理解语义"
能力——图像处理与识别 ··· 140

任务 5.1 涂抹擦除——
去除照片瑕疵 ········· 140
【任务描述】············ 140
【实施过程】············ 142
任务 5.2 人像抠图——让背景
随心所欲 ············· 142
【任务描述】············ 142
【实施过程】············ 143
任务 5.3 黑白照片上色——使黑白
图像变得鲜活 ········· 145
【任务描述】············ 145
【实施过程】············ 146
任务 5.4 图像增强——提高图像的
质量和视觉吸引力 ····· 146
【任务描述】············ 146
【实施过程】············ 147
任务 5.5 文生图——让你成为
绘画大师 ············· 148

【任务描述】············ 148
【预备知识】············ 148
5.5.1 文生图提示词 ······ 148
5.5.2 提示词分类 ········ 149
【实施过程】············ 162
【知识拓展】············ 168
5.5.3 大模型 ············ 168
5.5.4 大模型之核心架构
Transformer ········ 174
5.5.5 AIGC ············· 179

项目 6 让人机沟通更加自然——
自然语言处理 ········· 185

任务 6.1 文案写作——让 AI
生成一份教案 ········· 185
【任务描述】············ 185
【预备知识】············ 186
6.1.1 新一代人机交互工具 ChatGPT ··· 186
6.1.2 低代码编程新范式 Prompt ··· 190
【实施过程】············ 192
【知识拓展】············ 195
6.1.3 自然语言处理概述 ··· 195
6.1.4 词嵌入——word2vec ··· 198
6.1.5 预训练模型 ········ 200
任务 6.2 文本阅读——让 AI 生成
文章摘要 ············· 201
【任务描述】············ 201
【预备知识】············ 201
6.2.1 文本分类 ·········· 201
6.2.2 机器翻译 ·········· 202
6.2.3 自动文摘 ·········· 203
6.2.4 关键词提取 ········ 204
【实施过程】············ 204
【知识拓展】············ 207
任务 6.3 自然对话——提升用户
体验 ················· 207
【任务描述】············ 207
【预备知识】············ 207
6.3.1 多轮对话 ·········· 207
6.3.2 聊天机器人 ········ 209

6.3.3 问答系统	210
【实施过程】	211
【知识拓展】	212
6.3.4 垂直搜索——让用户更加便捷地获取所需信息	212
任务 6.4 低代码——大模型编程新范式	212
【任务描述】	212
【预备知识】	213
6.4.1 低代码核心理念	213
6.4.2 大模型视角下的自然语言编程	215
【实施过程】	218
任务 6.5 智能体——制作 GhatGPT 分身	221
【任务描述】	221
【预备知识】	221
6.5.1 智能体概述	221
6.5.2 智能体底层逻辑	222
【实施过程】	223

项目 7 让机器拥有"听觉感知"能力——语音处理 228

任务 7.1 文生音	228
【任务描述】	228
【预备知识】	228
7.1.1 语音合成	228
7.1.2 语言模型	231
【实施过程】	232
任务 7.2 音生文	234
【任务描述】	234
【预备知识】	234
7.2.1 语音识别	234
7.2.2 语音识别的发展历程	235
7.2.3 语音识别的应用	235

【实施过程】	236
任务 7.3 数字人播报	237
【任务描述】	237
【预备知识】	237
7.3.1 数字人	237
7.3.2 能够理解世界模型的 Sora	237
【实施过程】	242

项目 8 让机器拥有"视觉感知"能力——计算机视觉 245

任务 8.1 图像分类——智能垃圾箱	245
【任务描述】	245
【预备知识】	246
8.1.1 计算机视觉任务	246
8.1.2 图像分类	246
8.1.3 EasyDL	249
【实施过程】	250
任务 8.2 物体检测——芯片引脚缺失检测	255
【任务描述】	255
【预备知识】	255
8.2.1 物体检测	255
8.2.2 物体检测基本原理	256
8.2.3 物体检测应用	256
【实施过程】	258
任务 8.3 物体分割——螺钉螺母分割	260
【任务描述】	260
【预备知识】	260
8.3.1 实例分割	260
8.3.2 语义分割	261
【实施过程】	262

参考文献 265

项目 1 进入人工智能时代

人工智能（Artificial Intelligence，AI），是研究、开发用于模拟、延伸和扩展人的智能的理论、方法、技术及应用系统的一门新的技术科学。人工智能是新一轮科技革命和产业变革的重要驱动力量。

任务 1.1　智能电视创意

【任务描述】

1. 背景

打开手机，上网搜索，冠以"智能"的产品铺天盖地，如智能门锁、智能冰箱、智能音箱、智能电视等。这些产品是否真的有智能，消费者很少追究，但在消费者眼里，"智能XX"就比"XX"要好。消费者以为做事不需要人干预的设备是智能设备，这是一个很大的误区，甚至把人工智能与自动化、数字化等同起来。为了理解"智能"的本质，我们先看"智能电视"三个场景。

（1）场景 1

用遥控器选台。

（2）场景 2

用户通过智能手机上的应用程序远程连接到智能电视，不仅能够执行开关机操作，还可以调整电视设置、浏览节目指南、预约录制节目等。电视作为家庭物联网的一部分，与家庭网络中的其他设备（如智能灯泡、安全摄像头等）互联互通，实现智能家居的集中控制。

（3）场景 3

用户只需说出"电视，我想看最新的科幻电影"，智能电视便通过高级语音识别技术和自然语言处理，理解用户的请求，并自动搜索并播放相关内容。电视还能根据用户的语音指令调整播放设置，如音量、字幕等，并且在必要时与用户进行简单的对话交互，确认指令的准确性，真正实现智能化的用户体验。

在这三个场景中，哪个场景是智能场景，大多数会选择场景 2。其实场景 1 是自动化场景，场景 2 是数字化场景，场景 3 是智能化场景。三个场景有本质区别，数字化场景关注的是网络，自动化场景关注的是传感器，而智能化场景关注的是算法。

智能化场景判断的主要标准是，是否能够实现"听、说、看、动、想"，这里场景 3 具有"听"的功能。

本任务要求设计智能电视创意方案。

2. 设计动机

电视广告媒体存在以下不足。

1）信息短暂。电视媒体的广告宣传具有一次性的特征，稍纵即逝，观众在短短的 30s 甚至 15s、5s 的时间里难以产生持久深刻的印象，很容易忽略一些重要的信息。

2）信息容量小。与报纸、杂志等媒体广告相比，电视广告所能容载的信息相对较少。因此，电视广告只能尽量在较短的时间内传播最重要的信息，不适合对广告信息做详细的说明和解释。

3）广告费用高。电视广告制作是一项综合性的艺术，需要摄影、音响、灯光、道具等众多人员，还需要具有构思创作的导演和演员。如果聘请名人做广告，费用将更高。同时，电视广告的播出费用也非常高。因此，昂贵的电视广告价格限制了一些广告主的使用，特别是中小企业。

4）针对性不强。观众不能根据自己的年龄、爱好、受教育程度等任意选择电视广告节目，收看具有勉强性，影响广告效果，而且广告主也无法选择电视广告的受众。

本方案拟对问题 4）给出一种改进的方案。

3. 设计目的

本任务的目的是设计一款智能电视，既能给用户带来更便捷的体验，又能为广告商实现精准投放。智能电视，是基于 Internet 应用技术，具备开放式操作系统与芯片，拥有开放式应用平台，可实现双向人机交互功能，集影音、娱乐、数据等多种功能于一体，以满足用户多样化和个性化需求的电视产品。智能电视已经成为电视的发展趋势。

4. 预期效果

打开电视后，通过摄像头捕获观众的年龄，如果没有捕获到观众，则停止广告播放。这里通过捕获到的年龄段，把观众划分为儿童、少年、中年、老年，对中年以上人群还要细分为女性或男性。经过对人群的细分，对不同的人群播放不同的广告。

【预备知识】

1.1.1 人工智能三次浪潮

人工智能从 1956 年提出到今天，走过了 60 多年，经历了计算驱动、知识驱动和数据驱动三次浪潮（见图 1.1）。

1. 计算驱动

（1）达特茅斯会议

1956 年 8 月，在美国汉诺斯小镇宁静的达特茅斯学院举办了达特茅斯会议，讨论用机器来模仿人类学习以及其他方面的智能，主要参会者包括约翰·麦卡锡（John McCarthy）、马文·明斯基（Marvin Minsky，认知学专家）、克劳德·香农（Claude Shannon，信息论的创始人）、艾伦·纽厄尔（Allen Newell，计算机科学家）、赫伯特·西蒙（Herbert Simon，诺贝尔经济学奖得主）等科学家。

会议足足开了两个月的时间，虽然大家没有达成普遍的共识，但是却为会议讨论的内容起了一个名字"人工智能"。因此，1956 年成为人工智能元年。

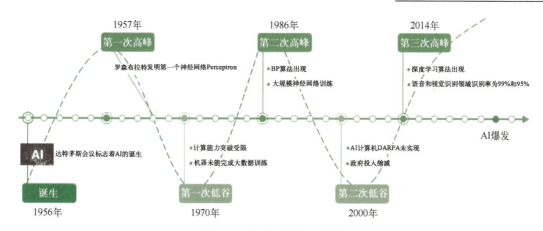

图 1.1 人工智能的三次浪潮

（2）搜索即计算

达特茅斯会议之后，人工智能迎来了它的一个春天，鉴于计算机一直被认为是只能进行数值计算的机器，所以，它稍微做一点看起来有智能的事情，人们都会惊讶不已。这个时期诞生了世界上第一个聊天程序 ELIZA，它能够根据设定的规则，根据用户的提问进行模式匹配，然后从预先编写好的答案库中选择合适的回答。这也是第一个尝试通过图灵测试的软件程序，ELIZA 曾模拟心理治疗医生和患者交谈，在首次使用的时候就骗过了很多人。

1959 年，塞缪尔的西洋跳棋程序能对所有可能的跳法进行搜索，并找到最佳方法。"搜索即计算"是这个时期主要研究方向之一。

（3）第一代神经网络

1943 年，心理学家沃伦·麦卡洛克（Warren McCulloch）和数理逻辑学家沃尔特·皮茨（Walter Pitts）首次提出了人工神经网络的概念及人工神经元的数学模型，从而开创了人工神经网络研究的时代。

1957 年，弗兰克·罗森布拉特（Frank Rosenblatt）在一台 IBM 704 计算机上模拟实现了一种他发明的称为"感知机"（Perceptron，见图 1.2）的神经网络模型。

感知机能够实现简单的二分类，人们逐渐认识到这种方法实现了类似于人类感觉、学习、记忆、识别功能。

感知机中的参数（权重）需要人工调整，这违背了"智能"的初衷。另外，单层结构限制了它的学习能力，很多函数都超出了它的学习范畴，制约了感知机的发展。

1969 年，马文·明斯基（Marvin Minsky）指出：单层感知机无法划分 XOR 原数据（见图 1.3），解决此问题需要引入多层非线性网络。但多层网络并无有效的训练算法。这给神经网络研究以沉重的打击，计算驱动的人工智能走向长达 10 年的低潮时期。

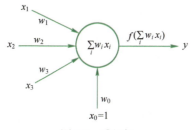

图 1.2 感知机

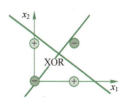

图 1.3 XOR 原数据

计算驱动导致人工智能的发展走入低谷，有哪些表现？

在人工智能的第一个黄金时代，"感知机"虽然创造了各种软件程序或硬件机器人，但它们看起来都只是"玩具"，要做成实用的工业产品，科学家们确实遇到了一些不可战胜的挑战。让科学家们最头痛的是"搜索即计算"，虽然很多难题理论上可以解决，看上去只是少量的几个规则，但带来的计算量却是惊人的。比如运行一个包含 2^{100} 次计算的程序，即使用现在很快的计算机也要计算数万亿年，这是不可想象的。所以，计算驱动导致人工智能的发展走入低谷的主要表现为：**计算能力有限**。

2. 知识驱动

与第一次浪潮追求通用人工智能不同，20 世纪 70 年代出现的专家系统（Expert System，ES），它模拟人类专家的知识和经验解决特定领域的问题，实现了人工智能从理论研究走向实际应用的重大突破。ES 在医疗、化学、地质等领域取得成功，推动了人工智能应用发展的新高潮。

（1）专家系统

1965 年，美国著名计算机学家费根鲍姆（Feigenbaum）带领学生开发了第一个专家系统 Dendral，这个系统可以根据化学仪器的读数自动鉴定化学成分。费根鲍姆开发的另外一个用于血液病诊断的专家程序 MYCIN（霉素）是最早的医疗辅助系统软件。

ES 聚焦于某个专业领域，模拟人类专家回答问题或提供知识，帮助用户做出决策。ES 一方面需要人类专家知识库，另一方面需要编程，设定如何根据提问进行推理，从而找到答案，专家系统结构见图 1.4。

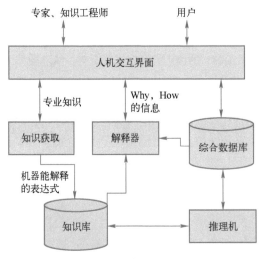

图 1.4 专家系统结构

专家系统通常由知识库、推理机、用户接口、解释器等部分构成。知识库是专家系统的核心，它包含了专家对某一特定领域的知识和经验，推理机是用来模拟人类专家的推理过程，用户接口是专家系统与用户进行交互的接口，解释器则是用来解释专家系统的推理过程和结果。

（2）知识工程

专家系统的发展带来了知识工程的兴起。知识工程可以看成人工智能在知识信息处理方面的发展，研究如何由计算机表示知识，进行问题的自动求解。知识工程的研究使人工智能的研究从理论转向应用,从基于推理的模型转向基于知识的模型。

1982 年,美国数十家大公司联合成立微电子与计算机技术公司,发起了人工智能历史上最大也是最有争议性的知识工程项目 Cyc,这个项目至今仍然在运作。截至 2017 年,Cyc 已经积累了超过 150 万个概念数据和超过 2000 万条常识规则,曾经在各个领域产生超过 100 个实际应用,如 IBM 的 Watson。2011 年,Watson 在知识抢答中击败了人类(见图 1.5)。为了找到和理解问题中的线索,Watson 通过对答案的准确性进行置信度排序来比较可能的答案,并在 3s 内做出回应。

图 1.5 知识抢答中的 IBM Watson

知识驱动导致人工智能的发展走入低谷,有哪些表现?

知识驱动导致人工智能的发展走入低谷主要表现为:**知识获取困难,计算能力有限**的问题没有从根本上得到解决。

3. 数据驱动

(1)第二代神经网络

沉寂 10 年的神经网络,到 1982 年有了新的研究进展,英国科学家 Hopfield 发现了具有学习能力的神经网络,这使得神经网络一路发展,开始商业化,被用于文字图像识别和语音识别。

1985 年,Geoffrey Hinton 使用多个隐藏层来代替感知机中的单层网络(见图 1.6),并使用反向传播(Back Propagation,BP)算法来计算网络参数。

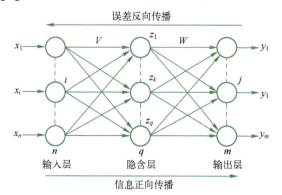

图 1.6 单层网络结构

尽管 BP 算法取得巨大的成功,但是随着层次的增加,网络训练的时间太长,并且网络结构依赖人的经验,使神经网络再次陷入低谷。

（2）AlphaGo

数据驱动的人工智能是一种从海量数据中学习和决策的智能系统。在小数据时代，要实现人脸识别，首先要人工抽取人脸特征，但人脸特征抽取既困难，又费时。在数据驱动模式下，不需要人工获取人脸的特征，只要数据量足够大，机器就会自动学习获得人脸特征。数据驱动的标志就是AlphaGo战胜人类围棋世界冠军（见图1.7），AlphaGo使用的主要技术是"深度学习"。

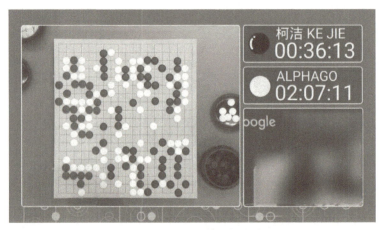

图1.7　AlphaGo的人机大战

数据驱动虽然让人工智能应用得到了长足的发展，但模型不可解释性依然是数据驱动未来面临的挑战。所以，计算驱动、知识驱动和数据驱动相结合是人工智能发展的必然之路。

1.1.2　人工智能与自动化

很多时候人们都会混淆人工智能和自动化的关系。虽然自动化设备也是可以基于人工智能而建立的，但并不代表着它们是相同的概念。

人工智能和自动化的目的都是让机器代替人类进行单调的重复性劳动，将时间用于更重要的事情上去，使得社会变得更有效率，降低商业成本的同时提高生产力。

人工智能真正需要做的是像人类一样去探寻事物背后的模式，像人类一样从经验中学习，并像人类一样对突发情况做出适当的反应。

自动化则是我们预先在系统中定义了一系列在X条件下Y的执行方式，本质上是一些可以准确高效执行命令的机器和系统。

从功能上看，人工智能是途径，是手段，而自动化是最终的目的，这两者不在一个维度上。

从研究对象上看，人工智能偏向于算法层面的研究，而自动化偏向于系统的构建。

从原理上看，人工智能负责理解数据，自动化用于收集数据，这是两个完全不同，但又互补的系统。

1.1.3　人工智能产业链

人工智能作为计算机科学的一个分支，旨在探寻智能的实质，在此基础上生产出能够以人类智能相似的方式做出反应的智能机器，该领域的研究包括语言识别、图像识别、自然语言处理等。

人工智能产业链包括三层（见图 1.8）：基础层、技术层和应用层。其中，基础层是人工智能产业的基础，为人工智能提供数据及算力支撑；技术层是人工智能产业的核心；应用层是人工智能产业的延伸，面向特定应用场景需求而形成软硬件产品或解决方案。

图 1.8 人工智能产业链

【实施过程】

1. 功能模块

（1）系统架构

本系统主要包括数据收集模块、数据分析模块、广告匹配模块和推送执行模块。数据收集模块利用摄像头捕获人脸，进行人脸识别、年龄识别、性别识别和表情识别；数据分析模块对收集到的数据进行处理和分析，生成用户画像；广告匹配模块根据用户画像和广告主需求，进行广告与用户的精准匹配；推送执行模块负责将匹配好的广告推送到用户的电视设备上。

（2）用户信息收集与分析

通过智能电视设备收集用户的注册信息（如年龄、性别、职业、受教育程度等）、观看历史、搜索记录等数据。利用大数据分析和人工智能技术，对用户数据进行深度挖掘和分析，构建出用户的个性化画像，包括兴趣偏好、消费习惯、生活方式等。

（3）广告精准匹配

根据用户的个性化画像和广告主的需求，系统可以精准匹配出适合用户的广告内容。广告主可以设置广告的受众特征（如年龄范围、性别比例、受教育程度等），系统根据这些特征筛选出符合条件的用户，并将广告推送给这些用户。同时，系统还可以根据用户的实时行为数据，进行动态调整，实现广告的实时精准投放。

（4）用户反馈与优化

系统提供用户反馈机制，允许用户对推送的广告进行评分或提出意见。根据用户的反馈数据，系统可以不断优化广告匹配算法，提高广告推送的精准度和用户满意度。同时，广告主也可以根据反馈数据调整广告内容和投放策略，提升广告效果。

2. 改进建议

1）增加语音交互会产生哪些智能？
2）户外电视如何实现广告精准投放？
3）如何对混杂人群实现精准投放？
4）增加投放时间控制会产生哪些智能？
5）电视广告媒体存在的其他不足如何通过智能电视解决？
6）增加人脸识别产生哪些智能？

3. 结语

个性化电视广告推送系统是一个具有创新性和实用性的项目，通过大数据分析和人工智能技术实现广告的精准投放，可以为用户、广告主和电视运营商带来多方面的益处。随着技术的不断进步和应用场景的拓展，该系统有望在未来得到更广泛的应用和推广。

【知识拓展】

1.1.4 人工智能内涵和外延

1. 图灵测试

对于图灵，大多数人可能知道他发明了"图灵机"，破译了德国的密码，但人们可能不知道，图灵是最早发现"人工智能"的人。

1950 年，图灵发表了一篇划时代的论文，文中预言了创造出具有真正智能的机器的可能性，提出了著名的图灵测试。在图灵测试中，要求一个人和一台拥有智能的机器设备在互不相知的情况下，进行随机的提问，如果测试者无法区分是机器作答还是人作答，那就代表了这台设备拥有"人类智能"（见图 1.9），而目前还没有任何人工智能通过测试。

图 1.9　图灵测试

2. 弱人工智能、强人工智能和超人工智能

人工智能的概念很宽泛，根据人工智能实现的功能不同将它分成三大类。

1）弱人工智能。弱人工智能只专注于完成某个特别设定的任务，例如语音识别、图像识别和翻译，也包括近年来出现的 IBM 的 Watson 和谷歌的 AlphaGo。弱人工智能目标：让计算机看起来会像人脑一样思考。

2）强人工智能。强人工智能系统包括了学习、语言、认知、推理、创造和计划，目标是使人工智能在非监督学习情况下处理前所未见的细节，并同时与人类开展交互式学习，如 2022 年发布的 ChatGPT。强人工智能目标：计算机会自己思考。

3）超人工智能。超人工智能是指通过模拟人类的智慧，人工智能开始具备自主思维意识，形成新的智能群体，能够像人类一样独自进行思考。

3. 弱人工智能到强人工智能之路

现在，人类已经掌握了弱人工智能。其实弱人工智能无处不在，人工智能革命是从弱人工智能，经过强人工智能，最终到达超人工智能的旅途。让我们来看看这个领域的思想家对于这个旅途是怎么看的。

弱人工智能到强人工智能这条路很难走，只有明白创造一个人类智能水平的计算机是多么不容易，才能真正理解人类的智能是多么不可思议。造摩天大楼、把人送入太空、明白宇宙大爆炸的细节——这些都比理解人类的大脑，并且创造出类似的东西要简单太多了。至今为止，人类的大脑是我们所知宇宙中最复杂的东西。

一些我们觉得困难的事情，如微积分、金融市场策略、翻译等，对于计算机来说都太简单了。我们觉得容易的事情，如感觉、直觉，对计算机来说太难了。

按照计算机科学家 Donald Knuth 的说法，"人工智能已经在几乎所有需要思考的领域超过了人类，但是在那些人类和其他动物不需要思考就能完成的事情上，还差得很远。"

4．人工智能外在表现

由于图灵测试标准过于严格，以至于几乎所有系统都无法通过"图灵测试"。从工程角度看，如果一个系统能实现"看、听、说、动、想"一个或几个方面，就认为该系统具有了"智能"（见图 1.10）。

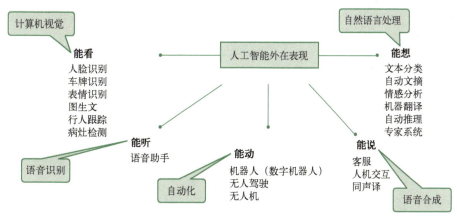

图 1.10 人工智能外在表现

1.1.5 人工智能三个层次

根据机器智能水平的高低，可以从三个层次（计算智能、感知智能和认知智能）理解人工智能（见图 1.11）。

图 1.11 机器智能水平的高低

1）计算智能，即快速计算、记忆和存储能力。目前，以快速计算、存储为目标的计算智能已经基本实现。

2）感知智能，即视觉、听觉、触觉等感知能力。在深度学习推动下，语音识别、语音合成、图像识别已经有了广泛的应用。

3）认知智能，即理解、解释的能力。相比于计算智能和感知智能，认知智能的实现难度较大。举个例子，小猫可以"识别"主人，它所用到的感知能力，一般动物都具备，而认知智能则是人独有的能力，比如"理解"人的情感是动物不具备的能力。所以，真正人工智能的突破口是认知智能。

任务 1.2　了解新零售

"新零售"作为一种新兴业态流行于零售行业，其本质在于"人工智能+"，即人工智能技术与传统零售相结合，运用人工智能技术和网络技术，对实体商业进行重构和升级，从而实现消费者对商品与服务的高效、便捷、低成本消费。新零售内涵是"线上线下融合"发展模式结合形成的一种全新商业模式。它打破了以往以百货商场、大卖场为代表的传统商业模式，改变了消费者购物体验，也改变了零售企业原有运营模式，其核心是以人为核心去运营，以数据为驱动（包括人工智能、云计算等）去创新。由于其能够有效降低经营成本，提高零售企业盈利能力，因而受到零售行业各方主体的广泛关注和重视，并迅速成为新时代发展潮流中最具影响力和引领行业发展的一股重要力量。

【任务描述】

1. 电商的痛点

1）损失了体验性。在线购物只能通过图片和文字来展示产品，而无法感受产品的真实质感。比如，在购买衣物时，我们无法切实感受面料的柔软程度和服装的穿着舒适度。

2）损失了即得性。如现在特别想喝一杯酸奶，这时你会去网店买这杯酸奶吗，估计你不会。

2. 新零售特点

1）以消费者体验为中心的数据驱动的零售形态。

2）企业以互联网为依托，通过运用大数据、人工智能等先进技术手段，重塑零售结构与生态圈，并对线上服务、线下体验以及现代物流进行深度融合的零售新模式。

3）尽量减少囤货量。

【预备知识】

1.2.1　体验电商

体验电商就是让客户拥有良好的购物体验。购物体验的品质成了电子商务平台竞争的重要因素。对于电子商务平台而言，提高购物体验的品质，不仅会提高消费者购买意愿，也将为电子商务平台的长期发展带来积极的影响。提高购物体验体现在各个方面，例如提供更优质的客户服务、个性化定制推荐、更精美的配送包装等。

从消费者的角度来看，购物体验品质是电子商务平台不容忽视的方面之一。消费者对购物环境和购物体验的要求不断提高，因此，电子商务平台不仅需要提供更多种类的优质商品，也需要进行后续的优质体验服务，例如更快更便捷的配送服务、更加周到的售后服务。

良好的购物体验品质可以建立电子商务平台的声誉和品牌形象,从而增加消费者的购买忠诚度,促进业务发展。

1. 虚拟试衣 APP

线上购物一大痛点在于无法直接抚摸、触碰到商品,消费者对于商品的认知来源于拍摄图片,无法即刻试穿试用。尤其是服装的网销,受尺码不统一和图片色差的影响,会导致退换货的问题。

而人工智能技术的迅猛发展正在逐渐解决这些难题。搭配类虚拟试衣 APP 吸引用户的核心点在于,在浩瀚的网络服装库中找出特定用户可能会感兴趣的单品,唤起他们搭配的欲望,并推动下单。

当前主要采用的是大量展示明星同款的方式来吸引用户关注单品并进行搭配。而人工智能在这一类虚拟试衣中的应用则可以帮助 APP(见图 1.12)快速准确地了解到用户的服装偏好,使得优先呈现给用户的,是他们真正感兴趣的风格和产品。

图 1.12 虚拟试衣 APP

虚拟试衣 APP 技术原理如下。
1)识别图像中与身体各个部位相对应的区域。
2)检测已识别身体部位的位置。
3)产生转换衣服的扭曲图像。
4)将扭曲图像应用于具有最少产生伪影的人物图像。

对虚拟试衣是否合身进行考量的难点在于,既需要对消费者的身体进行建模,又需要对服装进行建模,两者匹配之后才能看出来实际效果。当前大部分"合身型"虚拟试衣 APP 采用的是用户输入身体测量数据的方式对标准模特的身材进行调整。而这样的缺点在于填写和测量的前期工作较为烦琐,且不是完全精准。也有部分 APP 探索通过手机拍照的方式进行推测性建模,但由于不同人拍照的角度差异,使得预测建模十分困难。

2. 智能搭配

"智能搭配"首先要具备理解图片的能力,也就是图像内容识别,还要理解"搭配因素"。搭配因素包括流行趋势,即不同时节、不同地域的流行单品的变化,除此之外还有流行单品的面料、材质、外观颜色和风格等商品因素等。这个"智能搭配"能为用户找到更多可搭配的款式,形成候选集给到时尚运营,最终帮用户找更"贴心"的搭配(见图1.13)。

图 1.13　智能搭配软件

3. 视频电商

对于许多人来说,电商购物和观看视频这两件事还在两条平行线上,未有交集。但是近两年,无论是直播还是短视频行业的发展已经趋于成熟,由此延伸出了"视频+电商"的组合模式。两者碰撞,产生了许多奇妙的反应,视频电商模式前景相当值得期待。据统计,用户每天花 5%的时间在电商网站/APP 上,花 33%的时间观看视频/直播。视频与电商的链接将万亿级的电商场景直接前置到视频入口,创造新的业务模式(见图1.14)。

图 1.14　视频电商

在这样的背景下,产业链相关企业开始着眼为视频营销提供更多元的内容营销形式,视频的商业价值被进一步挖掘。

视频电商融入 AI 技术可以识别出明星、物体、品牌、手机、场景等,使机器像人类一样理解视频的内容,发现其中有趣的点,并结合用户行为反馈衍生出多维度标签分类。

到了逻辑层和应用层,可以用核心组件和视频应用将这些点进行商业化的变现。用户在视频中的所思所困都在智能识别后得以解答与推荐,智能识别不再是曲高和寡的未来高冷科技,而是应用在最普通的日常视频观看中,明星同款、最近潮物,随手圈出,同款几秒立现。

视频电商带来更多的互动体验,比如用户在观看视频中,想要购买剧中明星的同款,只需主动触发识别,在感兴趣的物体上画框,后台 AI 系统即可直接自动识别视频内的明星和同款物品。还可以直接查阅热剧中某个演员还演过什么剧,可以在这个明星的脸上用鼠标拖拽一个圈,接着这个圈会开始实时跟踪视频中脸的移动轨迹,并在视频的右边识别出此明星并显示出相关介绍、代表作、代言品牌、相关图片等。除了给予品牌精准曝光,通过一键购买直接转化更多商业变现,这也是内容赋予电商的智能属性。

1.2.2 垂直电商

1. 个性化营销

相较于体验电商,垂直电商侧重于满足某一类用户群体的个性化需求,通过专业化的运营和差异化的商品,让消费者产生更多情感上的交互,从而产生平台所无法复制的用户忠诚度和黏性。随着社会的进步和消费观念的升级,后者个性化的服务无疑更能俘获消费者的心。

2017 年,美图公司推出了以美妆业务为主的美图美妆平台。这个平台基于 AI 和大数据,给用户提供皮肤测试功能。给用户提供了从"虚拟世界的变美"到"现实世界变美"的一站式服务。用户只要在素颜状态下,在光照稳定的室内打开美图美妆,然后单击主页面下方的"皮肤测试",根据语音提示平视镜头拍照即可检测皮肤问题,生成一份肤质分析报告。

对于用户来说,能够解决问题的服务才是好服务,通过"AI 皮肤测试"功能了解肤质,在得到测试报告后,平台则会根据肤质推荐合适的商品,用户进而完成精准购买,显然比在千挑万选中寻找适合自己的商品要方便得多。

2. 精准营销

在人工智能时代,营销越来越难做了。一方面是因为当下企业面对的竞争品牌实在太多,在与同类产品竞争用户的时候,往往会花费很多的资源;另一方面则是消费者对于企业营销的审美疲劳,基本都不再买企业营销的账。面对这样的现象,企业想要缩减成本,提升营销效果,精准营销自然应运而生。

(1)定位客户群体

精准营销首要的是确定用户兴趣,精准定位目标用户人群。传统营销中,需要人工去判断用户是否是本次营销活动的目标用户,但由于人力有限以及主观性,无法对用户进行准确的特征判断。精准营销通过利用来自社交媒体、网络的营销数据来识别用户的行为,通过对其进行全面分析,实现对用户群体的精确细分,帮助品牌精准覆盖目标用户群体(见图 1.15)。

(2)精准营销逻辑

在精准定位的基础上建立个性化的顾客沟通服务体系,最终实现可度量的、低成本的可扩张之路。精准营销逻辑如图 1.16 所示。

图 1.15 消费者群体

图 1.16 精准营销逻辑

1.2.3 高效电商

（1）商品分类

买家/商家上传至电商平台的数据都需要进行识别分类，如何在海量的商品信息中方便快捷地找到想要购买的商品是一个急需解决的难题。传统的基于文本关键字的商品分类方法虽然方便快捷，但由于文本标注信息的片面性，容易出现错误分类。而商品图像蕴含丰富的信息与数据，且能够直观地展现商品的大部分特征（见图1.17）。

（2）信息审核

电商网站还需要应对各种各样的虚假评论。面对激烈的市场竞争，有些零售商会利用正面评论来提升商品的口碑，"刷口碑"在很多电子商务网站上屡见不鲜。同样，零售商也可能会恶意发布关于竞争对手的负面评论。因此，商家上传至电商平台的数据都需要审核。

人工智能或许可以有效解决这个问题。比如，在有着几百万交易量的情况下，单凭人力根本无法识别出哪些评论是真正的消费者评价，哪些评论是"刷"出来的，企业也无法负担这么高的人力成本。而人工智能可以批量处理大量信息，将那些"刷口碑、刷评论"的零售商列入黑名单（见图1.18）。

图1.17　商品分类　　　　　图1.18　信息审核

（3）库存管理

人工智能的强大功能之一在于能帮助企业完成一些通常难以手动完成的工作。比如，在管理商品库存方面，根据消费者需求或商品销售的淡旺季周期，人工智能可以协助企业将商品库存维持在不同水平。同时，人工智能还可以通过分析诸如零售商、节假日销售数据、消费者购买偏好、竞争对手销售数据、退（换）货数量、消费者评论点赞等数据，帮助企业将商品库存维持在最合适的水平。

（4）动态定价

在京东的"智慧供应链"战略中，消费者最关心的就是商品价格问题。京东推出的动态定价算法的基础是对商品、消费者信息、价格的精准研判。具体来说，动态定价算法通过持续的数据输入和机器学习训练，使商品的净利润和销售额目标达到一个平衡的状态，并计算出一个最科学合理的价格，从而促进交易效率的大幅度提升。与此同时，动态定价算法通过对各个要素（例如折扣力度、促销门槛、消费者分类等）的综合建模进行判断，制定出一个最优的促销策略。

2016年，亚马逊就已经上线了自动定价功能。而京东推出的动态定价算法有个很明确的指标——货存周转天，既要考虑卖家的成本和营收，又要符合消费者的预期，所以京东定价比亚马逊做得更好。其实对于现在的消费者来说，价格不是越低越好。随着社会的发展，消费者对品质的追求也越来越高。京东要做的是在保证品质的同时给消费者提供合理的价格。

当然，除了京东、淘宝、聚美优品等知名电商平台也已经开始采取自动定价策略，这可以在很大程度上提升商品定价的科学合理性，从而使消费者购买到真正物美价廉的商品，是一件非常有益的事情。

（5）挖掘客户价值

面对日新月异的新媒体，许多企业通过对粉丝的公开内容和互动记录分析，将粉丝转化为潜在用户，激活社会化资产价值，并对潜在用户进行多个维度的画像分析。大数据可以分析活跃粉丝的互动内容，设定消费者画像规则，关联潜在用户与会员数据以及潜在用户与客服数据，筛选目标群体做精准营销，进而可以使传统客户关系管理结合社会化数据，丰富用户不同维度的标签，并可动态更新消费者生命周期数据，保持信息新鲜有效。

（6）发现新市场与新趋势

做好营销的前提是对市场的把握。市场的不确定性因素太多，如何把握，是传统营销面临的挑战。基于大数据的分析与预测，对于企业家提供洞察新市场与把握经济走向都是极大的支持。如：谷歌的电影票房预测准确率能达到 90%（依据电影首映前发送的预告片搜索数据来推算平均票房等）。

1.2.4 服务电商

1. 智能客服

虽然电商网店很受大众欢迎，但传统的实体店仍占有一定的优势，那就是人工助手。买家寻求的是完美的购物体验，他们希望自己的问题可以得到答复。人工智能技术让聊天机器人更加真实，更加智能。人工智能聊天机器人的反应类似于人类，而且与人类的对话也越来越自然（见图 1.19）。

图 1.19　智能客服

2. 经营客户

人工智能营销目标是从经营商品向经营顾客过渡（见图 1.20）。

图 1.20　人工智能营销目标

经营商品：本质上是先经营商品，然后进行销售，企业是工厂的代理。为了代理商品，往往是把商品卖给所有用户。

经营用户：本质上是围绕用户去找商品，企业是用户的代理。为了代理用户，往往是围绕一个用户群体提供整个体系的各种商品。

【实施过程】

无人零售是指基于智能技术实现的无导购员和收银员值守的新零售服务。未来，将是基于大数据基础的物品售卖（见图1.21）。

图1.21 无人零售商店

无人零售以其超前的购物体验成为新零售最受资本和消费者关注的形态之一。与传统的实体零售相比，以无人零售为代表的新零售不只是对线下门店在形态上的升级改造，更是对包括供应链端，购买流程，直至最终消费场景在内的整个消费链条的全生命周期变革。

目前无人便利店最常见的技术主要包括两类。

一类是以亚马逊 Amazon Go、深兰科技 Take Go、阿里淘咖啡为代表的人工智能无人店，即以识别进店消费者为核心，主要采用机器视觉、深度学习算法、生物识别等技术。缺点在于随着店铺规模扩大，系统计算量将大幅攀升，从而对 GPU 提出巨大挑战。除去成本外，识别的准确率也存在隐患。

另一类是以日本罗森为代表的物联网无人店，主要采用 RFID 标签技术，以识别消费者所购商品为核心。此电子标签方案由来已久，技术上较成熟，但大规模应用的成本较高，且存在雷雨天气和液体箱内感应困难等致命缺陷。

自助贩售机、便利货架和以便利蜂、小e微店为代表的互联网无人店，则主要通过顾客扫描二维码来实现对货物的识别和自助支付，这类方案的最大问题是开放式零售形态可能面临少数顾客逃避付款而难以完全保证商户利益。

目前来看，无人零售智能技术仍处于探索阶段，全球都不可避免地面临技术不确定性带来的运营风险。

【知识拓展】

1.2.5 推荐系统

如果说互联网的目标就是连接一切，那么推荐系统的作用就是建立更加有效率的连接，推荐系统可以更有效率地连接用户与内容和服务，节约了大量的时间和成本。

1. 推荐系统产生背景

互联网的出现和普及给用户带来了大量的信息，满足了用户对信息的需求。但随着网络的迅速发展而带来的网上信息量的大幅增长，使得用户在面对大量信息时无法从中获得对自己真正有用的那部分信息，对信息的使用效率反而降低了，这就是所谓的信息超载问题。信息超载来源于长尾理论（见图1.22）。

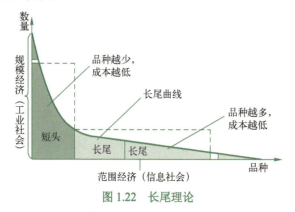

图1.22 长尾理论

解决信息超载问题的一个非常有潜力的办法是推荐系统，它是根据用户的信息需求、兴趣等，将用户感兴趣的信息、产品等推荐给用户的个性化信息推荐系统。和搜索引擎相比，推荐系统通过研究用户的兴趣偏好，进行个性化计算，由系统发现用户的兴趣点，从而引导用户发现自己的信息需求。一个好的推荐系统不仅能为用户提供个性化的服务，还能和用户之间建立密切关系，让用户对推荐产生依赖。

推荐系统现已广泛应用于很多领域，其中最典型并具有良好的发展和应用前景的领域就是电子商务领域。同时学术界对推荐系统的研究热度一直很高，逐步形成了一门独立的学科。

2．推荐系统概念

根据每个人的兴趣爱好，推荐感兴趣的信息或商品。按照维基百科的定义：推荐系统是一种信息过滤系统，用于预测用户对物品的评分或偏好（见图1.23）。

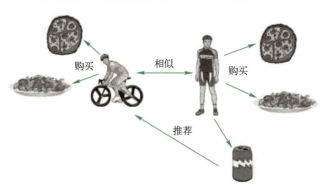

图1.23 把可乐推荐给骑自行车的人

3．推荐算法

1）协同过滤推荐：利用用户历史行为推荐商品。
2）基于内容推荐：利用商品属性和特征相似度推荐商品。
3）基于知识推荐：利用特定领域的专家知识或普遍经验或其他理论推荐商品。
4）关联规则推荐：利用关联规则挖掘算法推荐商品。

5）基于效用推荐：为每个用户建立商品使用效用函数，根据效用去推荐商品。

6）组合推荐：通过加权组合前五种推荐算法得到的结果推荐商品。

1.2.6 用户画像

1. 用户画像概念

用户画像的本质就是"标签化"的用户行为特征（见图 1.24）。其目的是尽量全面地抽象出一个用户的信息全貌，为进一步精准、快速地分析用户行为习惯、消费习惯等重要信息，提供了足够的数据基础。

用户画像是对用户信息在特定业务场景下的系统描述，是对用户数据的建模。

图 1.24 用户画像

2. 用户画像流程（见图 1.25）

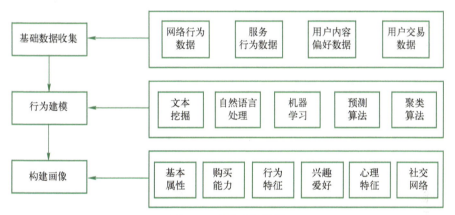

图 1.25 用户画像流程

1）基础数据收集。通过网络行为数据、服务行为数据、用户内容偏好数据、用户交易数据，我们可以看到用户在平台上看了什么商品、点了什么商品、买了什么商品，将这些数据串起来，可以作为入口去理解用户的人口统计学属性、消费需求、购买能力、兴趣爱好、社交属性等。

2）行为建模。海量的标签处理，尤其是非结构化的标签的处理，主要处理技术有文本挖掘、自然语言处理、机器学习、预测算法和聚类算法等。

3）构建画像。

第一步：标签构建，经过行为建模得到如下标签。

基本属性标签：如年龄、性别、地域等，直接根据用户的基本属性信息构建。

购买能力标签：根据用户的消费水平、购买频率等构建，如"高消费用户""频繁购买者"等。

行为特征标签：根据用户的行为轨迹构建，如"活跃用户""浏览型用户""搜索型用户"等。

兴趣爱好标签：根据用户的浏览内容、收藏内容等构建，如"科技爱好者""时尚达人"等。

心理特征标签：通过用户的行为、言论等间接推断，如"乐观型用户""谨慎型消费者"等。

社交网络标签：根据用户在社交网络中的关系、互动等构建，如"社交达人""社群核心成员"等。

第二步：画像构建。

标签整合：将上述各类标签进行整合，形成用户的综合画像。

权重分配：根据标签的重要性和相关性，为每个标签分配不同的权重，以反映其在用户画像中的重要程度。

画像输出：将整合后的用户画像以可视化的方式输出，如用户画像报告、用户画像图表等，便于后续的应用和分析。

第三步：应用与优化。

个性化推荐：根据用户画像，为用户提供个性化的产品或服务推荐。

精准营销：针对不同用户群体制定不同的营销策略，提高营销效果。

产品优化：根据用户画像反馈的信息，优化产品的功能、设计和交互，提升用户体验。

持续更新：随着用户数据的变化和新的数据源的加入，定期更新用户画像，保持其准确性和时效性。

3. 用户画像应用

1）竞品对比分析。通过画像数据的对比，可以确定一件事情，就是我们的竞品到底是谁。真正的竞品是画像和你高度重合的那个，而不是我们假想的那个。如果你发现原来被认为是竞品的典型用户群体是在30～50岁，而你的目标用户群体在20～35岁，那至少在当前情况下，你们是弱竞争关系。

2）广告投放。通过用户画像，广告商可以将广告精准地投放到目标用户群体中，提高广告的点击率和转化率。同时，根据用户的反馈和行为数据，广告商还可以实时调整广告内容和投放策略，实现广告效果的最大化。

3）产品开发。了解用户的真实需求和痛点后，企业可以针对性地开发新产品或优化现有产品。通过用户画像提供的数据支持，企业可以更加准确地把握产品方向和市场趋势，提高产品的市场竞争力。

4）用户服务。基于用户画像的分析结果，企业可以提供更加贴心和高效的用户服务。例如，根据用户的购买历史和浏览行为，企业可以推荐相关的产品或服务；当用户遇到问题时，企业可以快速响应并提供有效的解决方案。

任务1.3 认识机器人

机器人，一个曾经只存在于科幻小说中的概念，如今已经成为现实生活的一部分。当我们谈论机器人时，首先浮现在脑海的可能是那些高大的、机械臂繁多的、具有人工智能的形象。但实际上，机器人的定义远不止于此。

1）在技术领域，机器人通常被定义为一种能够自动执行任务的设备，这些任务既可以是通过预设程序完成的，也可以是通过人工智能技术自主完成的。这种设备可以是简单的玩具机器人，也可以是复杂的工业机器人，甚至可以是具备人类行为和思维的人形机器人。

2）随着科技的发展，特别是计算机和电子技术的进步，现代意义上的机器人开始出现。如今，机器人已经广泛应用在制造业、服务业、医疗保健、航天、深海探索等多个领域，同时，随着 5G、物联网等新技术的普及，机器人的应用场景也将更加广泛。

3）机器人的技术也在不断进步。从最初的简单机械臂，到具备感知、思考和行动能力的人工智能机器人，机器人的能力越来越接近人类。

我们也要看到机器人的出现带来的问题。比如，如何确保机器人的安全性和可靠性？如何防止机器人被用于恶意目的？这些都是我们需要在未来的研究和应用中重视的问题。

【任务描述】

本任务的主题是"了解机器人"，通过深入研究机器人的基本知识、应用领域以及未来发展趋势，增强读者对机器人技术的理解和认识。具体任务包括收集并整理机器人的相关资料，进行分类和总结，最终形成一个全面的机器人知识报告，并通过团队讨论与分享，提升团队成员的专业素养和行业洞察力。

任务目标如下。

1）收集并整理机器人的定义、分类、工作原理等基本知识。
2）探究机器人在各个领域（如工业、医疗、服务等）的应用现状及前景。
3）分析机器人技术的最新发展动态和未来趋势。
4）团队协作，共同撰写一份关于机器人的综合报告。

【预备知识】

1.3.1　机器人构成

机器人逻辑结构由六大模块构成（见图 1.26）。

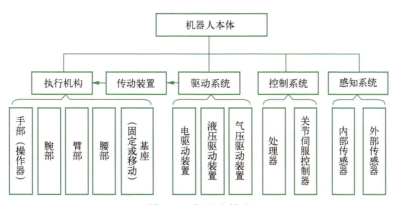

图 1.26　机器人构成

1）执行机构：常将机器人本体的有关部位分别称为基座、腰部、臂部、腕部、手部（夹持器或末端执行器）和行走部（对于移动机器人）等。

2）传动装置：机器人系统中至关重要的部分，它们负责将能量或动力从驱动源传递到机器人的各个运动部件，以实现机器人的各种动作和功能。机器人的传动装置种类繁多，根据不同的传动方式和应用场景，可以分为以下几类：机械传动装置、流体传动、电磁传动、摩擦传动、弹性传动等。

3）驱动系统：驱动系统又称伺服系统，是一种以机械位置或角度作为控制对象的自动控制系统。如：电驱动、液压驱动、气压驱动等。

4）控制系统：控制系统是机器人的"大脑和神经中枢"，主要包括系统软件和应用软件，控制机器人的自由度、精度、工作范围、速度、承载能力。

5）感知系统：机器人的感知系统是一个集成了多种传感器和技术的复杂系统（见图 1.27），它模拟了人类的感知器官，使机器人能够感知和理解周围的世界。这个系统主要由以下几个部分组成：视觉传感器、听觉传感器、触觉传感器等。

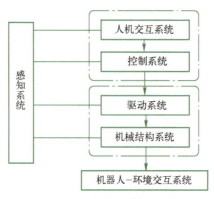

图 1.27 机器人感知系统

1.3.2 机器人分类

根据机器人应用场景不同，国际机器人联合会将机器人分为工业机器人和服务机器人两大类，16 个小类（见图 1.28）。

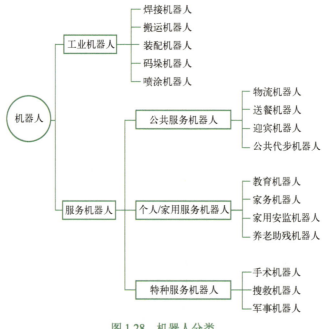

图 1.28 机器人分类

1）服务机器人。图 1.29 显示了三种服务机器人：送餐机器人、导购机器人和扫地机器人。

a）送餐机器人　　　　　　　b）导购机器人　　　　　　　c）扫地机器人

图 1.29　服务机器人

2）航天机器人。图 1.30 显示了我国登月机器人"玉兔"，空间站机器人"天宫"。

a）我国登月机器人"玉兔"号　　　　　　b）"天宫"号空间站

图 1.30　航天机器人

3）军用机器人。军用机器人是一种用于军事领域的具有某种仿人功能的机器人。从物资运输到无人机实战进攻，军用机器人的使用范围广泛（见图 1.31）。

图 1.31　军用机器人

如美国装备陆军的一种名叫"曼尼"的机器人，就是专门用于防化侦察和训练的智能机器人。该机器人能行走、蹲伏、呼吸和排汗，其内部安装的传感器，能感测到万分之一盎司的化学毒剂，并能自动分析、探测毒剂的性质，向军队提供防护建议和洗消的措施等。而外刊报道的"决策机器人"就更厉害了，它们凭借"发达的大脑"，能根据输入或反馈的信息，为人们提供多种可供选择的军事行动方案。总之，随着智能机器人相继问世和科学技术的不断发展，军用机器人异军突起的时代已为期不远了。

4）特种机器人。特种机器人应用于专业领域，一般由经过专门培训的人员操作或使用，辅助和/或代替人执行任务（见图 1.32）。

a) 水下机器人　　　　　b) 昆虫机器人　　　　　c) 救援机器人

图 1.32　特种机器人

根据特种机器人使用的空间（陆域、水域、空中、太空），可将特种机器人分为地面机器人、地下机器人、水面机器人、水下机器人、空中机器人、空间机器人和其他机器人。

5）教育机器人。教育机器人是由生产厂商专门开发的，以激发学生学习兴趣、培养学生综合能力为目标的机器人成品、套装或散件（见图 1.33）。

a) 早教机器人　　　　　　　　　　　b) 比赛机器人

图 1.33　教育机器人

除了机器人机体本身之外，教育机器人还有相应的控制软件和教学课本等。教育机器人适应新课程，对学生科学素养的培养和提高起到了积极的作用，在众多中小学学校得以推广，并以其"玩中学"的特点深受青少年的喜爱。机器人走入学校和计算机普及校园一样，已经成为必定的趋势，机器人教育已经成为中小学教育领域的新课程。教育机器人未来将成为趋势，当今社会需要具有创新意识、有创造性思维的人才，未来的社会更是如此。

6）医疗机器人。

① 骨科手术机器人。骨科手术机器人为手术机器人中的一个细分领域，比较著名的是 ROBODOC 手术系统，由已并入 CUREXO 科技公司的 Integrated Surgical Systems 公司发布。该系统能够完成一系列的骨科手术，如全髋关节置换术及全膝关节置换术（THA & TKA），也用于全膝关节置换翻修术（RTKA），包括两个组件：一个是配备了三维外科手术前规划专有软件的计算机工作站 ORTHODOC(R)，以及一个用于髋、膝置换术精确空腔和表面处理的计算机操控外科机器人 ROBODOC(R) Surgical Assistant。该系统已经广泛用于全球 20000 多例外科手术（见图 1.34a）。

② 牙科辅助机器人。牙科辅助机器人分为牙齿美容机器人和义齿机器人。义齿机器人利用图像、图形技术来获取生成无牙颌患者的口腔软硬组织计算机模型，利用自行研制的非接触式三维激光扫描测量系统来获取患者无牙颌骨形态的几何参数，采用专家系统软件完成全口义齿人工牙列的计算机辅助统计（见图 1.34b）。

项目1 进入人工智能时代

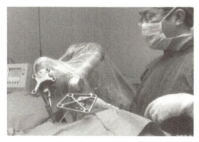  

a) 手术机器人　　　　　　　b) 牙科辅助机器人　　　　　　c) 胃镜机器人

图 1.34　医疗机器人

Sinora 齿雕机器人是一款比较典型的牙齿美容机器人，其突破了传统的牙齿修复方法，利用数字化口腔修复网络平台，经 3D 智能数字化技术系统直接设计，避免因材料或操作造成的误差，不会发生规定混合物、印模和设定时间有错误或不符的现象，从诊断、拍摄、设计、制作、试戴在一个区域内完成，一气呵成。例如过去需要一周时间来制作的全瓷牙，现在仅需要 1h 左右就能完成，"纯"打磨时间仅需要 8~10min，是目前最有效、最安全的牙齿美容技术。

③ 胃镜机器人。胃镜机器人和手术机器人同属医疗机器人，只是两者以不同的方式进行"手术"而已。目前，胃镜机器人以胃镜胶囊机器人为主。患者只需吞下一颗普通胶囊药物大小的胶囊内镜机器人，医生就能检查胃和小肠。该遥控胶囊内镜机器人集成了各种各样的传感器，采用独创的磁场控制技术，把胶囊内镜变成了"有眼有脚"的机器人。由于其体积很小，进入体内毫无异物感与不适感，消除患者紧张、焦虑情绪，极大提高了受检者对检查的耐受性（见图 1.34c）。

④ 康复机器人。康复机器人通常集成了多种传感器，并且具有强大的信息处理能力，可以有效监测和记录整个康复训练过程中人体运动学与生理学等数据，对患者的康复进度给予实时反馈，并可对患者的康复进展做出量化评价，为医生改进康复治疗方案提供依据（见图 1.35）。

 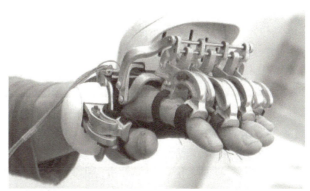

图 1.35　康复机器人

目前，针对肌电、脑电及运动和力学信息识别人体运动意图已经有大量的研究工作成果可以借鉴。通过肌电来估计关节力或者运动、通过力位信息来估计关节力等已经获得了较高的识别准确率，而基于脑机接口的意图识别一般只是限定在有限的动作模式上，与人体自然运动还有差距。如何设计可靠性高、识别精度高、实时性能好的意图识别系统还存在有待突破的技术难点。而如何增强患者神经、肌骨以及认知等的参与水平，目前还处在探索性的起步阶段。

7）工业机器人。工业机器人是面向工业领域的多关节机械手或多自由度的机器装置，具有一定的自动性，可依靠自身的动力能源和控制能力实现各种工业加工制造功能。它可以接受人类指挥，也可以按照预先编排的程序运行，现代的工业机器人还可以根据人工智能技术指定的原则纲领自主决策行动。

工业机器人应用最广泛的领域是汽车及汽车零部件制造业，并且正在不断地向其他领域拓展。如机械加工行业、电子电气行业、橡胶及塑料工业、食品工业、木材与家具制造业等领域。在工业生产中，焊接机器人、磨抛加工机器人、激光加工机器人、喷涂机器人、搬运机器人、真空机器人、巡检机器人等工业机器人都已被大量采用（见图1.36）。

图1.36 工业机器人

1.3.3 机器人技术

1）感知技术：机器人需要能够感知周围的环境和状态，包括视觉、听觉、触觉等。通过各种传感器和传感器融合技术，机器人可以获取周围的信息，并进行处理和决策。

2）决策技术：机器人需要能够根据感知到的信息进行决策，包括路径规划、动作规划等。通过各种算法和优化技术，机器人可以制定最优的决策方案。

3）执行技术：机器人需要能够将决策转化为实际的行动，包括电机控制、液压控制等。通过各种驱动器和执行器，机器人可以完成各种复杂的动作。

4）通信技术：机器人需要能够与外界进行通信，包括无线通信、有线通信等。通过各种通信协议和技术，机器人可以与外界进行信息交换和协作。

5）人机交互技术：机器人需要能够与人类进行交互，包括语音识别、手势识别等。通过各种人机交互技术和界面，人类可以与机器人进行交流和协作。

6）自主导航技术：机器人需要能够自主进行导航，包括地图构建、路径规划等。通过各种传感器和算法，机器人可以自主探索周围的环境，并进行自主导航。

7）学习技术：机器人需要能够学习和适应环境的变化，包括深度学习、强化学习等。通过各种学习算法和技术，机器人可以不断优化自身的性能和表现。

1.3.4 机器人发展趋势

1）智能化：随着人工智能技术的发展，机器人的智能化程度将越来越高，可以更好地感知和理解周围的环境和状态，并做出更准确的决策和行动。

2）自主化：随着自主导航技术的发展，机器人将越来越自主化，可以自主探索周围的环境，并进行自主导航和决策。

3）协同化：随着物联网技术的发展，机器人将越来越协同化，可以与其他机器人和人类进行协同工作，提高工作效率和质量。

4）人机融合：随着人机交互技术的发展，机器人将越来越人机融合化，可以更好地与人类进行交互和协作，为人类提供更好的服务和支持。

1.3.5 智能制造

1. 中国制造

（1）什么是中国制造

因为中国的快速发展和庞大的工业制造体系，中国制造成为世界上认知度最高的标签之一，这个标签可以在广泛的商品上找到，从服装到电子产品。中国制造是一个全方位的商品，不仅包括物质成分，也包括文化成分和人文内涵。中国制造在进行物质产品出口的同时，也将人文文化和国内的商业文明连带出口到国外。中国制造的商品在世界各地都有分布。从"中国制造"到"中国创造"，中国正改变世界创新版图。

（2）中国制造特点

1）世界制造工厂：中国制造以其庞大的规模和高效率而闻名于世。中国拥有丰富的劳动力资源和完善的制造基础设施，可以满足全球需求，成为世界上最重要的制造业中心之一。

2）综合制造能力：中国制造具备多种产品的制造能力，涵盖了从低端消费品到高端技术设备的广泛范围。中国制造在纺织、服装、电子、家电、汽车、航空航天等领域都具备强大的产能和竞争力。

3）品质与可靠性提升：近年来，中国制造业致力于提升产品质量和可靠性。通过技术创新、质量控制手段的引入和改进，中国制造逐渐实现了由"Made in China"向"Created in China"的转变，不断提高产品的品质和附加值。

4）制造业升级和转型：中国制造正面临从低成本劳动密集型制造向高技术价值、智能化制造的转型升级。通过推进工业 4.0、人工智能、物联网等技术的应用，中国制造业正在实现生产方式的转变，提高生产效率和产品质量。

5）全球供应链的重要一环：中国制造在全球供应链中扮演着重要的角色。中国作为全球大型的制造出口国之一，与世界各地的企业建立了紧密的合作关系，参与了跨国公司的供应链和生产网络。

6）绿色可持续发展：中国制造业在环境保护和可持续发展方面面临挑战，但也意识到了绿色制造的重要性。政府出台了一系列政策和措施，以促进清洁生产、资源节约和环境友好型的制造业发展。

（3）中国制造未来发展

1）智能制造：随着人工智能、物联网和大数据技术的不断发展，智能制造将成为中国制造业的重要方向。通过将智能技术应用于制造过程中的自动化、协作、优化和预测等环节，可以提高生产效率、降低成本，并实现可持续发展。

2）高端制造：中国制造业将逐步向高端产品和高附加值领域迈进。通过提升技术水平、加强研发创新，中国制造业可以生产更具竞争力的高品质产品。高端制造不仅可以满足国内需求，还能够拓展国际市场，提升中国制造业在全球价值链中的地位。

3）绿色可持续发展：环境保护和可持续发展已经成为全球关注的焦点，中国制造业也将朝着绿色可持续的方向发展。通过推广清洁能源、减少资源消耗、优化生产过程，中国制造业可以实现更环保、更可持续的发展，同时提升企业形象和市场竞争力。

4）制造服务化：随着全球产业结构的变化，制造业正从传统的产品供应转向更加注重服务价值的方向发展。中国制造业可以通过提供售后服务、技术咨询、定制化需求满足等服务，增加附加值，并与其他行业形成良好的协同效应。

5）国际合作与开放：中国制造业将继续积极参与国际竞争与合作，推动全球化发展。通过加强与其他国家和地区的合作，共享技术、资源和市场，中国制造业可以进一步提升自身实力，实现互利共赢。

6）人才培养与创新：中国制造业将注重培养高素质的技术和管理人才，推动创新能力的提升。通过加强教育培训、鼓励创新创业，中国制造业可以不断储备新动力，推动行业的发展和升级。

2. 四次工业革命

人类发展历史上的四次工业革命见图1.37。

（1）第一次工业革命

第一次工业革命是18世纪60年代开始于英国的一场技术革命，以蒸汽机的发明和广泛应用为标志。这一革命标志着机器代替手工劳动的时代的来临，从而开创了工厂制度和大规模生产的先河。此次革命不仅是技术上的变革，更是社会关系的重构。这一时期，工业资本主义迅速崛起。

人类发展历史上几次影响巨大的工业革命

图1.37 四次工业革命

（2）第二次工业革命

第二次工业革命在19世纪60年代后期兴起，被称为"电气时代"。它以电力、石油化工业和内燃机的发展为标志,带来了工业生产和交通运输的巨大变革。这一时期也见证了科学和技术的飞速发展,电力、通信和交通等领域都取得了突破性进展。

(3) 第三次工业革命

第三次工业革命被称为第三次科技革命,涉及信息技术、新能源技术、生物技术等多个领域的信息控制技术革命。这一时期的标志性进展包括原子能、电子计算机、空间技术和生物工程的发明和应用。第三次工业革命对人类社会的经济、政治、文化和生活方式产生了深远的影响。

(4) 第四次工业革命

第四次工业革命是工业 4.0 的时代,也被称为智能化时代。在这个时代,信息技术的升级创新与应用成为推动产业变革的核心。第四次工业革命以物联网、人工智能和大数据为基础,将制造业与数字技术深度融合,实现生产过程的智能化和高效化。

第四次工业革命带来了巨大的经济、科技和文化变革,彻底改变了人类社会的面貌,推动了人类社会的进步和发展,也带来了挑战和机遇。

3. 智能制造

智能制造是"基于新一代信息通信技术与先进制造技术深度融合,贯穿于设计、生产、管理、服务等制造活动的各个环节,具有自感知、自学习、自决策、自执行、自适应等功能的新型生产方式"。它把制造自动化的概念更新,扩展到柔性化、智能化和高度集成化。

(1) 智能制造的三种基本范式

在长期实践演化的过程中形成了智能制造的三种基本范式(见图1.38)。

第一范式:数字化制造,智能化、网络化占比较低。

第二范式:"数字化+网络化"制造,除智能化占比较小,数字化、网络化占比较高。

第三范式:第一代智能制造,强调智能化占比。

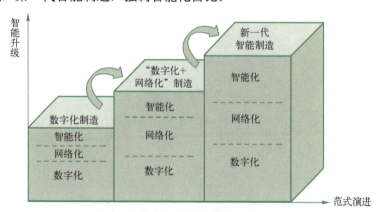

图 1.38 智能制造范式

(2) 传统制造

以机床操作为例,在传统手动机床上加工零件时,需由操作者根据加工要求,通过手眼感知、分析决策并操作手柄控制刀具,按希望的轨迹运动完成加工任务(见图1.39)。

(3) 数字化制造

数字化制造是智能制造的第一种基本范式,也可称为第一代智能制造。与手动机床相比,数控机床发生的本质变化是在人和机床实体之间增加了数控系统。操作者只需根据加工要求，将加工过程中需要的刀具与工件的相对运动轨迹、主轴速度、进给速度等按规定的格式编制成加工程序，计算机数控系统即可根据该程序控制机床自动完成加工任务。与传统制造系统相比，数字化制造系统最本质的变化是从原来的"人-物理"二元系统发展成为"人-信息-物理"三元系统（见图1.40）。

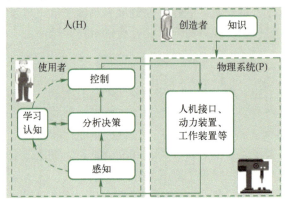

图1.39 传统制造

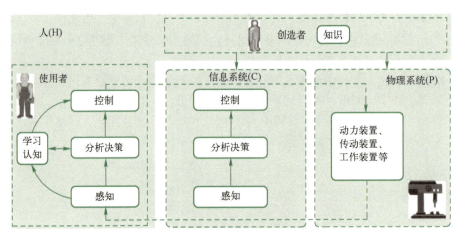

图1.40 数字化制造

需要说明的是，数字化制造是智能制造的基础，制造技术与数字技术、网络技术的密切结合重塑制造业的价值链，推动制造业从数字化制造向"数字化+网络化"制造的范式转变。

（4）"数字化+网络化"制造

与数控机床相比，互联网+数控机床增加了传感器，增强了对加工状态的感知能力，更重要的是，它实现了设备的互联互通，实现了机床状态数据的采集和汇聚；"数字化+网络化"制造系统仍然是基于人、信息系统、物理系统三部分组成，但这三部分内容均发生了根本性的变化。最大的变化在于信息系统、互联网和云平台成为信息系统的重要组成部分，既连接信息系统各部分，又连接物理系统各部分，还连接人。通过企业内、企业间的协同和各种社会资源的共享与集成，实现产业链的优化，快速、高质量、低成本地为市场提供所需的产品和服务，使得企业对市场变化具有更快的适应性，能够更好地收集用户对使用产品和产品质量的评价信息，在制造柔性化、管理信息化方面达到更高的水平（见图1.41）。

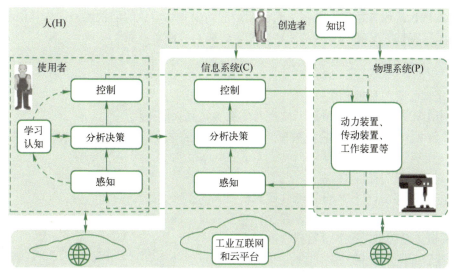

图 1.41 "数字化+网络化"制造

（5）新一代智能制造

21 世纪以来，互联网、云计算、大数据等信息技术日新月异、飞速发展，并极其迅速地普及应用，形成了群体性跨越。这些历史性的技术进步，集中汇聚在新一代人工智能的战略性突破上。新一代人工智能已经成为新一轮科技革命的核心技术，并且是新一代智能制造的核心技术。新一代智能制造，相对于面向"数字化+网络化"制造又发生了本质性变化（见图 1.42）。

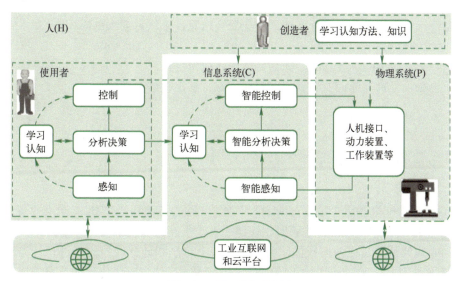

图 1.42 新一代智能制造

新一代智能制造通过新一代人工智能技术赋予信息系统强大的"智能"，从而带来三个重大技术进步。一是从根本上提高制造系统建模的能力，极大提高处理制造系统复杂性、不确定性问题的能力，有效实现制造系统的优化；二是使信息系统拥有了学习认知能力，使制造知识的产生、利用、传承和积累效率均发生革命性变化，显著提升知识作为核心要素的边际生产力；三是形成人机混合增强智能，使人的智慧与机器智能的各自优势得以充分发挥并

31

相互启发地增长，极大释放人类智慧的创新潜能，提升制造业的创新能力。人和信息系统的关系发生了根本性的变化，即从"授之以鱼"变成了"授之以渔"。

【实施过程】

（1）资料收集与整理
1）利用图书馆、网络等资源，广泛搜集有关机器人的资料。
2）将收集到的资料进行分类整理，包括机器人的定义、发展历程、技术原理、应用领域等。

（2）知识学习与提炼
1）团队成员分工合作，分别深入研究机器人的不同方面。
2）通过阅读文献、观看视频、参加讲座等方式，加深对机器人知识的理解。
3）提炼关键信息，准备撰写报告的内容。

（3）报告撰写与编辑
1）撰写机器人基本知识、应用领域、发展趋势等部分的初稿。
2）团队成员互相审阅，提出修改意见。
3）综合各方意见，完善报告内容，并进行排版和格式调整。

（4）团队讨论与分享
1）安排时间进行团队讨论，分享各自的学习成果。
2）针对报告中的关键内容进行深入交流，确保团队成员对机器人有全面而深入的理解。

（5）成果展示与反馈
1）将完成的报告以 PPT 或其他形式进行展示。
2）邀请行业专家或教师进行点评，收集反馈意见，以便后续改进。

（6）总结与反思
1）对整个项目过程进行总结，评估目标的完成情况。
2）反思在项目执行过程中遇到的问题和困难，提出改进措施。

【知识拓展】

1.3.6 人工智能在制造业生产环节中的应用

1. 研发设计环节

研发设计环节充分利用"数据+知识+AI"组合模式的新型研发范式驱动产业变革创新，主要形成了创成式设计、材料智能研发、快速仿真、生产工艺创新优化等场景。

1）创成式设计：又称为拓扑优化，是一种基于算法和计算能力的先进设计方法。它以传统设计方法为基础，通过应用计算能力和优化技术，自动生成优化设计方案，以满足特定的设计目标和约束条件。

2）材料智能研发：借助数据共享，对先进材料的物理化学性质进行预测、筛选，从而加快新材料、新药品的合成和生产。例如，机器人在 8 天内自主设计化学反应路线，完成了 688 个实验，找到了一种高效催化剂来提高聚合物光催化性能，若由人工完成将花费数月时间。

3）快速仿真：利用 AI 算法绕过传统的方程求解过程。通过生成精确的仿真器，将所有科学领域的仿真加速数百至数十亿倍。例如，在汽车风洞仿真环节加入 AI 技术，使原本需要花费一周的仿真时间缩短至不到 1s。

4）生产工艺创新优化：将 AI 应用于强工业机理的研发环节，能够实现对半导体制造、生物制品等前沿工艺的智能优化，驱动复杂装备装配工艺规划、复杂零件加工设计等复杂工艺创新优化。例如，通过对数据进行知识抽取及关系挖掘，形成飞机总装工艺知识图谱，能够描述总装制造人员、业务、产品与技术等知识域，提升制造效率。

2. 生产制造环节

1）工业流程优化：基于充足的过程历史数据，利用人工智能建立过程模型，寻找最佳的过程参数组合，减少人工知识依赖。例如，高炉炼铁应用烧炉专家知识及 AI 算法，实现热风炉智能控制、喷煤智能控制等。

2）智能质量管理：通过机器视觉技术实现产品表面磨损、凹陷、划痕等各类缺陷的检测是工业智能应用普及程度最高、相对最为成熟的场景。

3）设备资产管理优化：通过对设备进行数据收集和建模，实现设备系统自我学习和进化，并在故障发生之前基于 AI 模型预测可能出现的故障隐患。例如，AI 引擎跟踪 3D 模型和 3D 图档，通过经验积累，自动补偿打印路径，实现自我优化。

4）智能排产：通过一套综合的 AI 智能算法得到一组最佳生产结果来满足复杂的生产场景，实现生产计划的最优求解。例如，智能排产系统基于 MES 基础数据进行系统建模，并得出最优解，得到高效智能的排产计划。

5）智能安全识别：利用高精度摄像头和传感器进行图像与视频采集，并利用深度学习算法建模，从而实现对车间内的立体化安全防护。例如，AI 可以通过人脸和安全帽的对比识别，快速检测出人员是否佩戴安全帽。

6）能耗与排放优化：通过实时采集能源消耗数据，构建能耗分析模型，预测消耗需求，分析影响能源效率的相关因素，优化设备能效。

3. 经营管理环节

1）智能管理决策：通过在商业智能（BI）平台中加入 AI 技术，基于全局性数据开展智能分析，实现更精准的事件识别、用户推荐、客户生命价值预测、风险识别与管理等。

2）智能财务管理：利用 AI 能够识别字体模糊、印刷错位、票据褶皱等各类票据，进一步减轻企业财务管理人员的工作负担，精准识别和快速计算的优势，极大提升企业财务管理的效率。

3）供应链优化：汇集交货期、库存管理、运输工具、天气等各类可能影响物流供应链的因素，建立供应链模型，优化物流路径甚至识别传统方法无法遇见的各类事件。

4. 服务与商业模式环节

1）智能产品服务：通过对产品增加感知、分析、控制功能，实现产品可监测、可控制、可优化，有效提高产品的功能灵活性、易扩展性、安全性和可管理性，并基于多个互联的智能产品构成智能生态。例如，可以在车辆驾驶系统融入大量 AI 技术，并通过提供在线功能升级、动力性能调整、系统远程检测维护等各类服务，使新技术的更新迭代速度达到普通车企的三倍以上。

2）智能运维服务：基于数据分析提供运维优化等各类服务，正在成为制造业的核心价值来源。部分工业企业数字化服务部分的营业额甚至超过产品生产销售本身的营收。例如，提供具有自主驾驶功能的各类工程机械、提供设备预测性维护等"产品+服务",以及各类信贷、保险等基于"平台+数据分析"的新型盈利模式。

1.3.7 人工智能在制造业中的其他应用场景

(1) 工业质检

制造业产品质量检查是重要任务,如仪表板集成测试、金属板表面擦伤、汽车车身检测、纸币印刷质量检测、水线生产检测等。机器视觉自动化设备可以代替人工不知疲倦地进行重复性的工作,且在一些不适合于人工作业的危险工作环境或人工视觉难以满足要求的场合,机器视觉可替代人工视觉(见图1.43)。

(2) 视觉分拣

工业上有许多需要分拣的作业,采用人工的话,速度缓慢且成本高,如果采用工业机器人,则可以大幅减低成本,提高速度。但是,一般需要分拣的零件是没有整齐摆放的,机器人面对的是一个无序的环境,需要机器人本体的灵活度、机器视觉、软件系统对现实状况进行实时运算等多方面技术的融合,才能实现灵活的抓取(见图1.44)。

图1.43 工业质检

图1.44 视觉分拣

(3) 故障预测

在制造流水线上,有大量的工业机器人。如果其中一个机器人出现了故障,当人感知到这个故障时,可能已经造成大量的不合格品,从而带来不小的损失。如果能在故障发生以前就检测到,可以有效做出预防,减少损失。

基于人工智能技术,通过在工厂各个设备加装传感器,对设备运行状态进行监测,并利用神经网络建立设备故障的预测模型,则可以在故障发生前,对故障提前进行预测。在发生故障前,将可能发生故障的工件替换,从而保障设备的持续无故障运行。

(4) 预防性维护

对于设备的磨损、撕裂、故障,通过人工智能发出潜在故障的警告信号,甚至可以预见疲劳。

使用人工智能精确预测资产(如机械)的剩余使用寿命,提高机械和资产的总体寿命。

(5) 人工智能辅助设计

像汽车制造商这样的大型设计公司正在使用基于人工智能的设计技术,使得创造性的机器或零件或装置设计不受人类设计师思维的限制(见图1.45)。

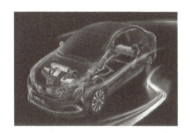

图 1.45　人工智能辅助设计

任务 1.4　抓住新一代人工智能发展的新机遇

人工智能近 70 年的发展历程中，经历了灌输规则、灌输知识、从数据中学习这三个阶段。近年来在全球迅速发展的人工智能大模型技术，其依托的基本模型都基于"大数据+大算力+强算法"训练，这是新一代人工智能的典型体现。

2023 年，中国新一代人工智能发展战略研究院发布了《中国新一代人工智能科技产业发展报告·2023》，报告指出："人工智能和经济社会的深度融合发展带动人工智能技术的体系化、复杂化和专用化。到目前为止，人工智能已经发展为包括大数据和云计算、物联网、智能机器人、智能推荐、5G、区块链、语音识别、虚拟/增强现实、智能芯片、计算机视觉、自然语言处理、生物识别、空间技术、光电技术、自动驾驶、人机交互和知识图谱 17 种技术在内的复杂技术体系。同时，随着人工智能在 19 个应用领域的创新应用，技术体系的演化日益表现出专用化趋势。"

【任务描述】

随着新一代人工智能技术的迅猛发展，各行各业正面临着前所未有的变革与机遇。本任务旨在深入分析新一代人工智能技术的特点、应用领域及潜在影响，探讨如何有效抓住这些机遇，为企业或组织带来创新与发展。具体任务包括：研究人工智能技术的最新进展、评估其在不同领域的应用前景、制定针对性的发展策略，并最终形成一份详尽的调研报告与实施方案。

任务目标如下。
1）全面了解新一代人工智能技术的核心概念、技术架构和应用场景。
2）分析新一代人工智能技术在各行业中的实际应用案例，评估其效果与潜力。
3）预测新一代人工智能技术的发展趋势。
4）制定一套切实可行的学习方案，以充分利用人工智能技术带来的机遇。

【预备知识】

1.4.1　人工智能赖以生存的土壤——物联网

物联网是指通过各种传感器、智能设备和互联网连接的一系列技术，实现对物理世界的感知、控制和优化。而人工智能则是利用计算机算法和模型来模拟人类智能的一种技术。

物联网为人工智能提供了大量的数据和硬件支持，使得人工智能可以从中学习并不断进步。同时，人工智能也为物联网带来了更高效、更智能的控制和决策能力。

因此，物联网是人工智能赖以生存的土壤，人工智能和物联网之间的结合可以产生强大的协同效应，推动彼此的发展和创新，为各个领域带来更多的智能化和自动化解决方案，也带来更多的创新和价值。

1. 物联网概念

物联网是在互联网基础上延伸的一种网络。物联网（Internet of Things，IoT）就是把所有物品通过射频识别（RFID）、红外感应器、全球定位系统、激光扫描仪等信息传感设备与互联网连接起来（见图1.46），进行信息交换和通信，实现智能化识别、定位、跟踪、监控和管理。

图1.46　物联网示意图

举个例子，某科研室人员经常在实验室的二楼办公，但是咖啡机却放置在一楼，煮咖啡时经常需要到一楼看咖啡是否煮好？很不方便。也许一般人会想到把咖啡机搬到二楼，但是在物联网思维中，只要在一楼安装一个摄像头，并且编写一套程序，以每秒3帧的速度将视频图像传输到二楼的计算机上，就可以随时观察咖啡是否煮好了。

2. 物联网技术架构

图1.47给出了通用的物联网技术架构。

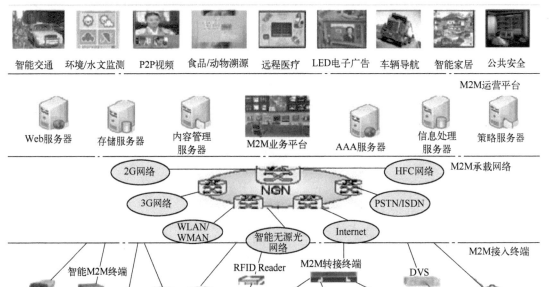

图1.47　物联网技术架构

由图 1.47 可知，从下至上依次为"感""传""智""控"。感知要全面，传输要实时，处理要智能，控制是目的。

3. 物联网技术

（1）嵌入式系统技术

图 1.48 展示了嵌入前后对比，嵌入后机器人会跳动。

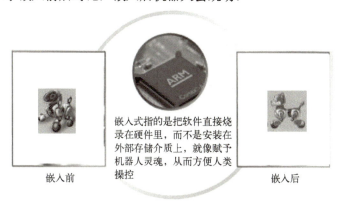

嵌入前　　嵌入式指的是把软件直接烧录在硬件里，而不是安装在外部存储介质上，就像赋予机器人灵魂，从而方便人类操控　　嵌入后

图 1.48　嵌入前后对比

与通用计算机系统相比，嵌入式系统具有以下几个重要特征。

1）面向特定应用，大多工作在为特定用户群设计的系统中。嵌入式系统通常都具有低功耗、体积小、集成度高等特点。

2）硬件和软件都必须高效率地设计，量体裁衣、去除冗余，力争在同样的硅片面积上实现更高的性能，这样才能满足功能、可靠性和功耗的苛刻要求。

3）实时操作系统支持。嵌入式系统的应用程序可以不需要操作系统的支持直接运行，但是为了合理地调度多任务，充分利用系统资源，用户必须自行选配实时操作系统开发平台。

4）与具体应用有机地结合在一起。它的升级换代也是和具体产品同步进行的，因此嵌入式系统产品一旦进入市场，具有较长的生命周期。

5）软件一般都固化在存储器芯片或单片机本身中。

6）专门开发工具支持。嵌入式系统本身不具备自主开发能力，即使在设计完成以后，用户通常也不能对程序功能进行修改，必须有一套开发工具和环境才能进行开发，如评估开发板。

（2）传感器技术

1）传感器概念。传感器是一种检测装置，能感受到被测量的信息，并能将感受到的信息，按一定规律变换成电信号或其他所需形式的信息输出，以满足信息的传输、处理、存储、显示、记录和控制等要求。

2）传感器的特点。传感器具有微型化、数字化、智能化、多功能化、系统化、网络化等特点，是实现自动检测和自动控制的首要环节。

3）传感器的种类。传感器的存在和发展，让物体有了触觉、味觉和嗅觉等感官，让物体慢慢变得活了起来。通常根据其基本感知功能，将传感器分为热敏元件、光敏元件、气敏元件、力敏元件、磁敏元件、湿敏元件、声敏元件、放射线敏感元件、色敏元件和味敏元件10 大类（见图 1.49）。

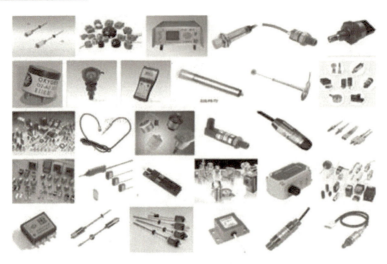

图 1.49 各种传感器

常见传感器包括速度传感器、加速度传感器、红外传感器、压力传感器、振动传感器、热敏传感器、光敏传感器、磁敏传感器。

(3) 网络连接技术

网络连接技术用于连接外围设备到计算机、计算机到计算机、计算机到网络设备、网络设备到网络设备等。

常用的网络传输媒介可分为有线和无线两类。有线传输媒介主要有同轴电缆、双绞线及光缆；无线传输媒介有微波、无线电、激光和红外线等。

网络间连接设备就充当"翻译"的角色，将一种网络中的"信息包"转换成另一种网络的"信息包"，就是我们通常说的协议。物联网专用的通信协议包括 ZigBee、NFC、WiFi、GPRS、USB、NB.IoT、RFID、蓝牙、LoRa 等。

(4) 可穿戴设备

正如同汽车仪表盘可以提前显示汽车快没油了，可穿戴设备也有望成为人们健康的"仪表盘"。可穿戴设备可通过追踪人们的运动、生活、睡眠习惯，在潜在的疾病出现前就发出预警（见图 1.50）。

图 1.50 可穿戴设备

智能手环、智能手表、智能衣服、智能鞋等可穿戴智能设备已进入人们日常生活。除了显示时间、同步手机程序等传统功能，这类设备还发展出监测步数、测量人体生理参数等与健康相关的功能。

可穿戴设备不仅可以及时发现感冒，还能帮助确诊以神经系统损害为主要表现的莱姆病。研究人员发现，那些具有胰岛素抵抗问题的Ⅱ型糖尿病高风险人群的心脏跳动规律与正常人有所不同。这表示，可穿戴设备有潜质发展成一种简单、易操作的糖尿病检测工具。

汽车现在可能有 400 多个传感器，在燃料耗尽、发动机过热等情况出现时，车上的仪表盘就会亮灯。在未来，随身携带的智能手机和其他设备等，将会通过传感器收集人体健康数据，打造一个身体的"仪表盘"，帮助人们提前探测到危险。

4．人工智能与物联网之间的关系？

（1）人工智能为物联网提供强有力的数据扩展

物联网可以看作互联设备间数据的收集及共享，而人工智能是将数据提取出来后做出分析和总结，促使互联设备间更好地协同工作，物联网与人工智能的结合将会使其收集来的数据更加有意义。

（2）人工智能让物联网更加智能化

在物联网应用中，人工智能技术在某种程度上可以帮助互联设备应对突发情况。当设备检测到异常情况时，人工智能技术会为它做出如何采取措施的进一步选择，这样大大提高了处理突发事件的准确度，真正发挥互联网时代的智能优势。

（3）人工智能有助于物联网提高运营效率

人工智能通过分析、总结数据信息，从而解读企业服务生产的发展趋势并对未来事件做出预测。例如，利用人工智能监测工厂设备零件的使用情况，从数据分析中发现可能出现问题的概率，并做出预警提醒，这样，会从很大程度上减少故障影响，提高运营效率。

5．5G 与人工智能结合将产生巨大潜力

4G 改变生活、5G 改变世界，这是因为 5G 作为统一的连接平台，通过与终端侧人工智能相结合，会对各行各业，包括在垂直市场的应用方面产生巨大影响，从而改变社会。

第五代移动通信技术（5G）是目前移动通信技术发展的高峰，5G 在 4G 基础上，对于移动通信提出更高的要求，它不仅在速度，而且还在功耗、时延等多个方面有了全新的提升。因此业务也会有巨大提升，互联网的发展也将从移动互联网进入智能互联网时代。

（1）从 1G 到 5G

图 1.51 展示了 1G 到 5G 的主要内容。

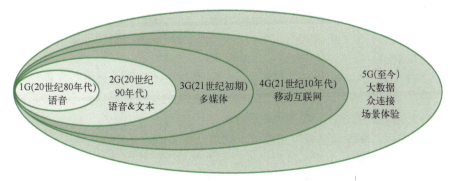

图 1.51　1G 到 5G 的主要内容

（2）5G 特点

1）高速度。网络速度提升，用户体验与感受才会有较大提高，网络才能面对 VR/超高

清业务时不受限制。对于 5G 的基站峰值速度要求不低于 20Gbit/s。这样的高速度，意味着用户可以每秒钟下载一部高清电影，从而给未来对速度有很高要求的业务提供了机会和可能。

2）泛在网。泛在网有两个层面的含义，一个是广泛覆盖，另一个是纵深覆盖。

广泛是指人们社会生活的各个地方，需要广覆盖。以前高山峡谷就不一定需要网络覆盖，因为生活的人很少，但是如果能覆盖 5G，可以大量部署传感器，进行环境、空气质量甚至地貌变化、地震的监测，就非常有价值。5G 可以为更多这类应用提供网络支持。

纵深是指人们生活中，虽然已经有网络部署，但是需要进入更高品质的深度覆盖。5G 的到来，可把以前网络信号不好的卫生间、地下停车库等都用很好的 5G 网络广泛覆盖。

3）低功耗。如果能把功耗降下来，让大部分物联网产品一周充一次电，甚至一个月充一次电，就能大大改善用户体验，促进物联网产品的快速普及。

4）低时延。人与人之间进行信息交流，140ms 的时延是可以接受的，但是如果这个时延用于无人驾驶、工业自动化就无法接受。5G 对于时延的最低要求是 1ms，甚至更低，这就对网络提出严苛的要求。而 5G 是这些新领域发展的必然要求。

5）重构安全。在 5G 基础上建立的是智能互联网。智能互联网不仅是要实现信息传输，还要建立起一个社会和生活的新机制与新体系。智能互联网的基本精神是安全、管理、高效、方便。安全是 5G 之后的智能互联网第一位的要求。

（3）中国 5G 走向世界

5G 作为移动通信领域的重大变革点，成为新基建的领衔领域，也是经济发展的新动能。我国重点发展的各大新兴产业，均需要以 5G 作为产业支撑。截至 2022 年 3 月底，我国累计建成 5G 基站 81.9 万个，占全球 5G 基站总量的 70%以上，独立组网模式的 5G 网络已覆盖所有地级市，5G 终端连接数已达 2.85 亿。我国 5G 网络规模已经形成引领态势。在此基础上，独立组网（SA）成为 5G 发展的新目标，国内三大运营商均加速向 5G SA 方向演进，这是我国引领 5G 发展的新阶段，也是 5G 新基建发展的重中之重。

在 5G 建设的第一场攻坚战中，我国获得了绝对领先的优势，为下一步 5G 大规模商业化奠定了基础。

（4）人工智能与 5G 的结合

5G 时代带来的不仅仅是更加快速的网络传输和更加便捷的无线通信，更加重要的是 5G 技术为人工智能技术带来了实现构想的机会，将极大地扩展人工智能的应用，加快行业的数字化与智能化转型。

1）人工智能的训练需要大规模的算力，一般都是在大型的数据中心来进行训练，训练完成以后，通过 5G 网络，可以快速把算法部署到相关的生产领域，便于生产领域采用最新的算法，提升人工智能的效能，提高生产效率。

2）在语音识别、图像识别等应用领域，通过 5G 网络，客户端可以把采集到的语音与图像高速传递到人工智能处理中心进行处理，再把结果返回到客户端，这样就可以极大地简化客户端的硬件设计，降低客户端的成本。由于 5G 的高带宽特性，客户端的体验并不会受到影响。

3）人工智能的训练需要采集大量数据，而采用高清摄像头的 5G 终端，可以在有线网络部署成本高的生产环境中，快捷地利用 5G 网络采集实际生产数据并传递到人工智能训练中心，加快人工智能算法的训练与更新。

4）5G 终端集成人工智能处理芯片，结合人工智能算法，可以大幅提升终端的智能化水平，扩大终端的应用范围，使得终端可以实现图像处理、照片美化等应用。在工业应用领域，智能终端与人工智能结合，可以在终端进行预处理，再把处理后的数据送到业务处理中心，从而大幅降低数据的存储容量，节约成本。

1.4.2 人工智能的算力基石——云计算

1. 云计算特点

云计算是继互联网、计算机后在信息时代的又一种革新。云计算能够通过网络以便利的、按需付费的方式获取计算资源，这些资源来自一个共享的、可配置的资源池，并能够以最省力和无人干预的方式获取和释放。

云计算是一种通过 Internet，以服务的方式提供动态可伸缩的虚拟化资源的计算模式，将地理上分布、大规模、异构的资源进行虚拟化，并能够对用户提供按需服务。云计算具有以下特点。

1）按需自助服务。
2）无处不在的网络接入。
3）与位置无关的资源池。
4）快速弹性。
5）按使用付费。

2. 云计算发展历程

云计算最初的目标是对资源的管理，主要管理计算资源、网络资源和存储资源三个方面，实现从资源到架构的全面弹性（见图 1.52）。

图 1.52 云计算发展历程

3. "云"服务

"云"服务包括基础设施即服务（IaaS）、平台即服务（PaaS）和软件即服务（SaaS），也是我们常说的"云计算"中的三个主要种类。下面用"房子"来做个简单的比喻，以便更好地理解"云"服务。

IaaS 相当于毛坯房，有专业的建筑商负责建造，并以商品的形式向人们进行出售。房子如何使用，完全由购买者自己决定，屋内的装修家居也可以自己主张。作为一种云计算服务产品，IaaS 服务商支持用户访问服务器、存储器和网络等计算资源。用户可以在服务商的基础架构中使用自己的平台和应用（见图 1.53a）。

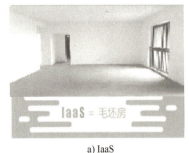  

　　　　a) IaaS　　　　　　　　　　b) PaaS　　　　　　　　　　c) SaaS

图 1.53　云计算基础设施

　　PaaS 相当于房屋租赁，房子用途会被不同的条件所限制，屋内的装修家居都是由建筑商负责。服务商支持用户访问基于云的环境，而用户可以在其中构建和交付应用（见图 1.53b）。

　　SaaS 则相当于酒店入住，只需要办理"拎包入住"的流程即可，完全不用操心房屋的维护与管理，还有不同的风格和价位可以随意选择。作为一种软件交付模式，SaaS 在这种交付模式中仅需通过互联网服务用户，而无须安装即可使用（见图 1.53c）。

4. 云计算核心技术——虚拟化和分布式

　　虚拟化和分布式在共同解决物理资源重新配置形成逻辑资源这一问题。其中虚拟化做的是造一个资源池，而分布式做的是使用一个资源池。

　　计算虚拟化通常做的是一虚多，即一台物理机虚拟出多台虚拟机，以榨干实际的物理资源，包括全虚拟化、超虚拟化、硬件辅助虚拟化、半虚拟化和操作系统虚拟化。

　　类似于计算虚拟化，网络虚拟化同样解决的是网络资源占用率不高、手动配置安全策略过于麻烦的问题，采用的思路同样是把物理的网络资源抽象成一个资源池，然后动态获取。网络虚拟化目前有控制转发分离、控制面开放、虚拟逻辑网络和网络功能虚拟化等不同的思想路线。

　　存储虚拟化通常做的是多虚一，除了解决弹性、扩展问题外，还解决备份的问题。

5. "云"分类

　　"云"分为三类，见图 1.54。

图 1.54　"云"分类

（1）私有云

私有云是为某个特定用户/机构建立的，只能实现小范围内的资源优化，随着公有云厂商运营能力的进步，这种趋势会越来越明显。私有云在一定程度上实现了社会分工，但是仍无法解决大规模范围内物理资源利用效率的问题。

（2）公有云

公有云是为大众建的，所有入驻用户都称为租户，不仅同时有很多租户，而且一个租户离开，其资源可以马上释放给下一个租户。公有云是最彻底的社会分工，能够在大范围内实现资源优化。当然，公有云，尤其是底层公有云构建涉及安全问题，一般由大厂完成。

（3）混合云

混合云是以上几种类型的任意混合，这种混合可以是计算的、存储的，也可以两者兼而有之。在公有云尚不完全成熟，而私有云存在运维难、部署时间长、动态扩展难的现阶段，混合云是一种较为理想的平滑过渡方式，短时间内的市场占比将会大幅上升。在未来，即使不是自家的私有云和公有云做混合，也需要内部的数据与服务和外部的数据与服务进行不断地调用（PaaS 级混合）。并且还有可能把业务放在不同的公有云上，这也算广义的混合。

6. 云计算和人工智能之间的关系

云计算实际上是把信息系统变成一种公共资源对外服务，是一种计算模型。它像水、电、气那样，能实现用多少买多少，快速响应。根据服务提供的资源类型不同，可将云计算平台分为提供硬件资源服务的 IaaS、提供平台服务的 PaaS 和提供应用软件服务的 SaaS，本质是追求信息化的降本增效。所以云计算的核心是对资源的管理、资源的分配、资源的调度优化，提高可靠性和可用性。常见的技术有虚拟化技术、分布式系统技术、集群技术、数据中心技术、负载均衡调度技术、租户技术等，所以云计算聚焦于资源管理（硬件、软件、存储、网络）。人工智能是云计算与大数据的一种应用场景，同时云计算可以通过人工智能技术获取到用户需求，将需求通过云计算进行分析。通过互联网数据的分析得到自己需要的那一部分，可以说，因为人工智能与云计算的存在，人们获取到自己的需求变得越来越方便，使得生活变得更加便利。借助于云计算所提供的各种基础服务，在很大程度上降低了人工智能技术的研发和场景应用难度（见图1.55）。

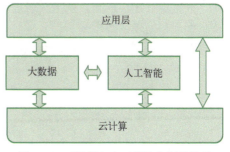

图 1.55 云计算与人工智能之间的关系

1.4.3 人工智能的血液——大数据

大数据作为继云计算、物联网之后又一次颠覆性的理念，备受人们的关注。大数据已经渗透到每一个行业和业务职能领域，对人类的社会生产和生活产生重大而深远的影响。那大数据是如何产生的？大数据是什么？大数据能做什么？

1. 大数据产生的历史必然

（1）数据产生方式的变革促成大数据时代的来临

数据产生方式经历了运营式系统→用户原创内容→感知式系统三个阶段（见图 1.56）。

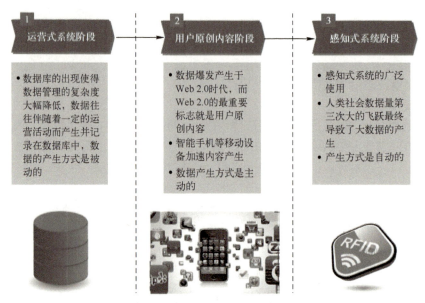

图 1.56 数据产生方式的三个阶段

（2）云计算是大数据诞生的前提和必要条件

在云计算出现之前，传统的计算机是无法处理如此大量的"非结构数据"。以云计算为基础的信息存储、分享和挖掘手段，可以便宜、有效地将这些大量、高速、多变化的终端数据存储下来，并随时进行分析与计算。

基于以上两点，大数据的出现是历史的必然。科技发展到今天，大数据必将对全人类的生产生活方式产生深刻的影响。

2. 大数据 4V 特征

大数据（Big Data）是指数量庞大而复杂，传统的数据处理产品无法在合理的时间内捕获、管理和处理的数据集合。

大数据具有 4V 特征，见图 1.57。

图 1.57 大数据 4V 特征

现在有一种趋势，把大数据特征定义为 5V，增加了真实性（Veracity）。

3. 大数据处理

大数据的重点并不是我们拥有了多少数据，而是我们拿数据去做了什么。如果只是堆积在某个地方，数据是毫无用处的。大数据的价值在于"使用性"，而不是数量和存储的地方。任何一种对数据的收集都与它的价值有关，如果不能体现出数据的价值，大数据所有的环节都是低效的，也是没有生命力的。

大数据价值简单地说就是贴标签、做预测、发现业务痛点。大数据的价值密度很低，需要经过一系列分析过程，见图 1.58。

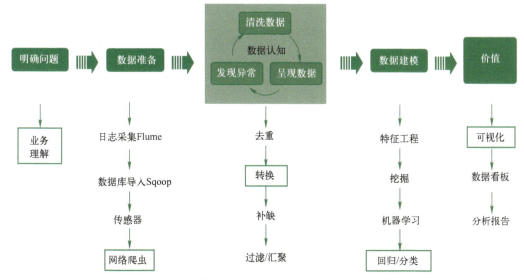

图 1.58　大数据处理过程

4. 大数据思维

（1）整体思维

整体思维就是根据全部样本得到的结论，即"样本=总体"。因为大数据是建立在掌握所有数据，至少是尽可能多的数据的基础上的，所以整体思维可以正确地考察细节并进行新的分析。如果数据足够多，它会让人们觉得有足够的能力把握未来，从而做出自己的决策。

结论：从采样中得到的结论总是有水分的，而根据全部样本得到的结论水分就很少，数据越大，真实性也就越大。

（2）相关思维

相关思维要求我们只需要知道是什么，而不需要知道为什么。在这个不确定的时代，等我们找到准确的因果关系，再去做事的时候，这个事情可能早已经不值得做了。所以，社会需要放弃一部分对因果关系的渴求，而仅需关注相关关系。

结论：为了得到即时信息，实时预测，寻找到相关性信息，比寻找因果关系信息更重要。

（3）容错思维

实践表明，只有 5%的数据是结构化且适用于传统数据库的。如果不接受容错思维，剩下 95%的非结构化数据都无法被利用。

对小数据而言，因为收集的信息量比较少，必须确保记下来的数据尽量精确。然而，在大数据时代，放松了容错的标准，人们可以利用这 95%的数据做更多的事情。

结论：容错思维让我们可以利用 95%的非结构化数据，帮助我们进一步接近事实的真相。

5. 没有大数据就没有人工智能

机器学习是实现人工智能的主要方法，机器学习的基本过程是：数据准备，特征工程，训练模型，模型评估，模型应用。在小数据时代，特征工程是最耗时、最困难的一步，依赖于人的经验，无法实现特征工程自动化。以识别猫的图像为例，无论你抽取的特征（颜色、纹理、结构……）多么精准（见图 1.59），总有例外（见图 1.60）。

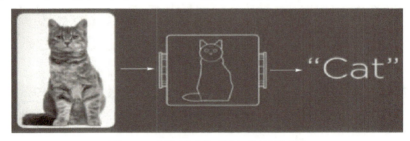

图 1.59　小数据时代"猫"的识别过程

图 1.60　无法识别的"猫"

　　但在大数据时代，识别"猫"时不需要人为抽取"猫"的特征，只需要给系统输入足够多"猫"的图片，系统就会自动抽取特征（见图 1.61）。给系统输入的数据越多，系统的识别率就越高。

图 1.61　大数据时代"猫"的识别过程

　　如今人工智能的许多应用都得益于大数据，所以，没有大数据就没有人工智能。

6. 大数据 vs 小数据

　　以记录小明一日三餐的事件，对比"小数据"与"大数据"，见表 1.1 和表 1.2。

表 1.1　小数据记录方式

姓　名	类　型	食　物
小明	早餐	阳春面
小明	中餐	牛肉面
小明	晚餐	刀削面

表 1.2　大数据记录方式

姓名	入场时间	入场方式	坐的位置	点餐时间	吃饭时间	吃饭内容	离开时间
小明	8:23:34	自行车	A2	8:28:42	8:30:18	阳春面	8:45:10
小明	12:25:21	自行车	A3	12:30:36	12:40:51	牛肉面	12:57:02
小明	19:02:12	步行	A2	19:05:27	19:25:04	刀削面	20:46:44

从表 1.2 可知，小明早上和中午时间比较紧，骑自行车来吃饭；晚上从点餐到吃饭时间比较长，说明这段时间客人比较多；晚餐吃饭用时 1 个多小时，可能是喝酒了；早上上班时间应该是 9 点；下班时间不好确定，但能说明小明吃晚餐的时间比较晚……其实还可以记录更多的信息，如"吃后表情""吃饭的量""吃饭工具""是否剩余"等，从中发现小明对吃饭的感受。总之，大数据是全方位、全过程的记录，大数据承载的丰富信息的背后隐藏着巨大的价值，这些价值能帮助人们达到"所思即所得"的境界。

【实施过程】

1. 全面了解新一代人工智能技术的核心概念、技术架构和应用场景

（1）全面了解新一代人工智能技术的核心概念

新一代人工智能技术的核心概念主要涉及智能放大和综合、智能预测以及智能学习。其中，智能放大和综合主要体现在信息的采集、录入和分析，是人工智能的基本层级；智能预测是在大数据基础上预测特定事物的发生概率，是进阶层级；而智能学习则是通过算法上的革新，突破人类的思考模式，自主地创造机器的思考模式，是高级层级。

此外，新一代人工智能的发展离不开三个核心要素：计算能力、海量数据和数学算法。计算能力为人工智能提供了强大的运算支撑；海量数据为人工智能提供了丰富的"学习材料"；而数学算法则是人工智能实现智能化决策和预测的关键。

（2）深入了解新一代人工智能技术的技术架构

新一代人工智能技术的技术架构通常分为基础层、技术层和应用层。基础层主要提供计算能力和数据支持，包括大数据、云计算、GPU/FPGA 等硬件加速以及各行业、各场景的一手数据；技术层则涵盖了框架层、算法层和通用技术层，如机器学习、深度学习算法，以及语音识别、图像识别等中间件技术；应用层则是人工智能技术在各行业中的具体应用，如智能广告、智能诊断、自动驾驶等。

（3）探究新一代人工智能技术的应用场景

新一代人工智能技术的应用场景十分广泛，几乎涵盖了所有行业和领域。在教育领域，人工智能可以通过智能推荐、个性化学习等方式提高教学效果；在医疗领域，人工智能可以

辅助医生进行疾病筛查和诊断，提高医疗效率；在交通领域，人工智能可以实现自动驾驶，提高交通安全性；在零售领域，人工智能可以通过智能推荐、客流统计等方式优化购物体验。此外，人工智能还在金融、制造、农业等众多领域发挥着重要作用。

2．分析新一代人工智能技术在各行业中的实际应用案例，评估其效果与潜力

新一代人工智能技术的广泛应用正深刻改变着各行各业的面貌。通过分析这些技术在各行业中的实际应用案例，我们能够更好地评估其效果与潜力，从而为企业和组织提供有力的决策依据。

（1）金融行业

1）智能投顾：利用机器学习算法，为用户提供个性化的投资组合建议，有效提高资产配置效率。

2）风险防控：通过大数据分析和模式识别，实时监控交易行为，预防金融风险。

智能投顾显著提升了用户的投资满意度和资产增值率；风险防控系统有效减少了金融欺诈和违规行为的发生。

（2）医疗行业

1）智能诊断：基于深度学习技术，辅助医生进行疾病筛查和诊断，提高诊断准确率。

2）健康管理：利用可穿戴设备和数据分析，为用户提供个性化的健康管理方案。

智能诊断系统降低了误诊率，提高了诊疗效率；健康管理方案有效改善了用户的健康状况。

（3）制造业

1）智能生产：通过自动化设备和智能控制系统，实现生产线的自动化和智能化。

2）质量控制：利用机器视觉技术，对产品进行实时检测，确保产品质量。

智能生产提高了生产效率和降低了人力成本；质量控制系统有效减少了产品缺陷和提高了客户满意度。

（4）零售业

1）智能推荐：基于用户的购物历史和偏好，为用户提供个性化的商品推荐。

2）客流统计：通过人脸识别和数据分析，实时统计客流量和购物行为，优化店铺运营。

智能推荐系统提高了用户的购买率和客单价；客流统计为店铺运营提供了有力的数据支持。

通过上述案例分析，我们可以看到新一代人工智能技术在各行业中的应用效果显著，不仅提高了工作效率和质量，还为用户带来了更好的体验。同时，这些技术还具有巨大的潜力，随着技术的不断进步和应用场景的不断拓展，它们将在更多领域发挥重要作用。

3．预测新一代人工智能技术的发展趋势

随着科技的迅速进步和应用领域的不断拓宽，新一代人工智能技术的发展趋势愈发显著。下面将从几个关键方面预测其未来发展方向。

（1）算法和模型的持续优化与创新

1）生成式人工智能的崛起：未来，生成式人工智能（AI Generated Content，AIGC）将继续引领潮流。与传统的预测式人工智能不同，生成式人工智能利用机器学习从训练数据中学习"思考"模式，从而创造具有原创性的输出。这种技术在娱乐、教育和供给方面将推动突破性的进步。

2）多模态大模型：人工智能模型将从单一模式向多模态转变，这种转变将拓展服务边界，带来更丰富的用户体验。多模态大模型能够处理不同形式的数据，如文本、图像、音频等，从而提供更全面、准确的分析和预测。

（2）智能化应用的爆发式增长

1）AIGC 应用层的发展：随着 AIGC 技术的进步，智能化应用将呈现爆发式增长。预计未来全球将涌现出超过 5 亿个新应用，这些应用将涵盖各个行业和领域，为人们的生活和工作带来极大的便利。

2）业务场景的深度融合：人工智能智能体将成为大模型落地业务场景的主流形式。这些智能体将能够自主处理各种任务，与人类进行自然交互，从而推动业务场景的智能化升级。

（3）数据安全和隐私保护的加强

随着人工智能技术的广泛应用，数据安全和隐私保护问题日益凸显。未来，人工智能技术的发展将更加注重数据安全和隐私保护。通过采用先进的加密技术、访问控制机制等手段，确保用户数据的安全性和隐私性。

（4）跨领域的深度融合与创新

新一代人工智能技术将与各行业、各领域的专业知识深度融合，形成一系列创新性的解决方案。例如，在医疗领域，人工智能技术可以帮助医生进行快速而准确的诊断；在制造业，通过引入人工智能技术，可以提高生产效率和产品质量。

4. 制定一套切实可行的学习方案

新一代人工智能技术带来的机遇与挑战并存。为了充分利用这些机遇，提升个人或组织在人工智能领域的竞争力，制定一套切实可行的学习方案至关重要（细节略）。

【知识拓展】

1.4.4 数据的真实性和安全性保障——区块链

1. 大数据安全面临的挑战

1）大数据成为更容易被"发现"的大目标，承载着越来越多的关注度。

2）大数据包含复杂敏感数据，会吸引更多的潜在攻击者，成为更具吸引力的目标。

3）数据的大量聚集，使得一次成功的攻击能够获得更多的数据，增加了攻击收益率。

2. 区块链概念

区块链是一种网络上多人记录的公共记账技术，记载所有交易记录（见图 1.62）。

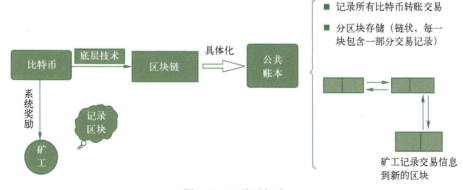

图 1.62　区块链概念

区块链技术是以密码学、P2P 网络为基础，将特定结构的数据按一定方式组织为区块，然后把这些数据块按照时间先后次序以链式结构组织为一个数据链，并通过密码学技术和共识机制保证数据的完整性和不可伪造性，基于一定业务逻辑采用可自动执行的机制实现区块数据的动态生成、验证、同步的分布式计算范型。

3. 区块链的主要特征

（1）去中心化

区块链基于分布式存储数据，没有中心进行管理，某个节点受到攻击和篡改不会影响整个网络的运作（见图 1.63）。

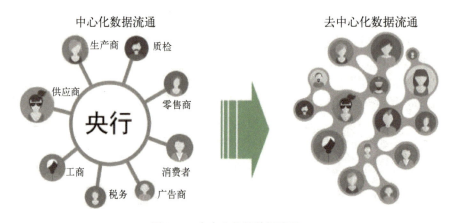

图 1.63　去中心化的数据流通

（2）开放性

系统是开放的，除了交易各方的私有信息被加密外，区块链的数据对所有人公开，任何人都可以通过公开的接口查询区块链数据和开发相关应用，因此整个系统信息高度透明。

（3）自治性

区块链采用基于协商一致的规范和协议，使得整个系统中的所有节点能够在去信任的环境自由安全地交换数据，使得对"人"的信任改成了对机器的信任，任何人为的干预不起作用。

（4）信息不可篡改

一旦信息经过验证，并添加至区块链，就会被永久存储起来，除非能够同时控制住系统中超过 51%的节点，否则单个节点上对数据库的修改是无效的，因此区块链的数据稳定性和可靠性极高。

（5）匿名性

由于节点之间的交换遵循固定的算法，因此交易对手无须通过公开身份的方式让对方产生信任，这对信用的累积非常有帮助。

4. 区块链应用

区块链应用的场景见图 1.64。

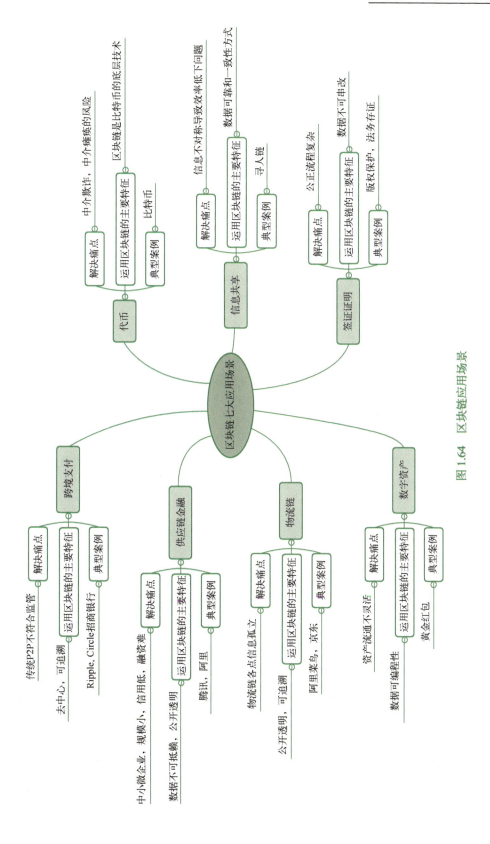

图1.64 区块链应用场景

5．区块链与人工智能的结合

人工智能的学习特性和区块链的加密安全性已经被认为是未来不可抗拒的力量。

（1）区块链底层安全成本低为集群计算安全提供支撑

从根本上说，区块链是一系列信息，可以添加但不能重写。这使得区块链成为一种独特的安全在线业务方式，具有值得信赖的难以置信的所有权记录。从根本上说，区块链是第一种能够以分散的方式转移数字化所有权的技术。

（2）人工智能能够保证区块链高层也是安全的

区块链底层是非常安全的，但它的高层（DAO、Mt Gox、Bitfinex 等）则不那么安全。机器学习的好处在于，它在复杂性方面取得了很大进步，并使人工智能能够提供安全的应用程序部署，有助于确保区块链的所有组件都安全可靠。

（3）人工智能能够帮助区块链更好地管理和优化计算资源

在传统计算机上管理区块链需要大量的处理能力来完成任务，这是由于它们的加密性质，以及由此导致的如何实现它们的显式指令的缺乏。但随着人工智能的适应性，区块链管理方法被一种更精巧的风格所取代，这种风格是更智能的机器能够发挥的。

（4）区块链和人工智能协同效应是双向的

人类在计算中容易犯错并且速度较慢，因此人工智能在处理区块链技术时更具吸引力。区块链和人工智能协同效应的好处也不是单行道，区块链技术可以为人工智能带来许多增强功能。值得注意的是，区块链极大地提高了人工智能的可信度。这意味着人工智能更容易通过区块链显示的清晰且不可穿透的信息链来解释其思维过程。由于人工智能技术能够处理的信息深度，区块链拥有的大量数据也可以帮助使人工智能程序更加有效。区块链还具有降低人工智能处理敏感数据相关风险的巨大潜力。人工智能正在帮助开发的光明的前景之一是智能合约，它是一种在线制定安全协议的方式，可以用于就业、网上购物和住房。例如，已经有不少公司允许投资者使用区块链来获得房地产资产的所有权。

1.4.5　元宇宙

元宇宙，这个超越现实世界的虚拟空间，通过技术手段将现实世界的各种元素进行数字化处理，形成了一个庞大、复杂、高度自由的虚拟世界。人们可以通过虚拟现实设备进入其中，与虚拟角色、物品、环境进行交互，获得沉浸式的体验。

1．元宇宙发展

1992 年，Neal Stephenson 的科幻小说 *Snow Crash* 中首次提出了"元宇宙（Metaverse）"和"化身（Avatar）"这两个概念。小说描绘了一个庞大的虚拟现实世界，在那里，人们可以用数字化身来控制，并相互竞争以提高自己的地位。现在看起来，*Snow Crash* 中描述的场景还是超前的未来世界。图 1.65 展示了元宇宙的发展历程。

2．元宇宙特性

多元世界、虚实共生、沙盒游戏、无限创造、数字人生、创世系统、私钥经济、意识进化、高度沉浸……这些全新的概念将在这个新世界出现，表 1.3 给出了元宇宙八大特征。

项目1 进入人工智能时代

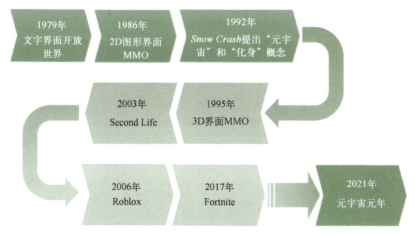

图 1.65 元宇宙的发展历程

表 1.3 元宇宙八大特征

身份	在元宇宙中拥有一个虚拟身份,无论与现实身份是否相关
朋友	在元宇宙中拥有朋友,可以跨域、多维社交,无论在现实中是否认识
沉浸感	能够沉浸在元宇宙的体验当中,一切皆有可能,包括娱乐、工作
低延迟	元宇宙中的一切都是同步发生的,没有异步性和延迟性,消除失真感
多元化	元宇宙提供多种丰富内容、真正意义的自由
随地	可以使用任何设备登录元宇宙,随时随地沉浸其中,扩大用户群体
经济系统	元宇宙应该有自己的经济系统,所有人可以创造价值
文明	元宇宙应该是一种虚拟的文明,这是最终的发展方向

3. 元宇宙核心技术

元宇宙有六大核心技术,每个技术的第一个字母组成一个单词 BIGANT,也叫"大蚂蚁",见图1.66。

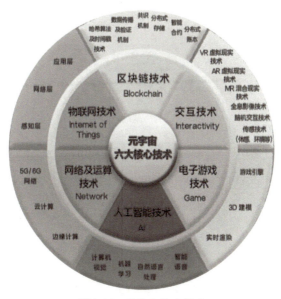

图 1.66 元宇宙核心技术

4. 元宇宙和人工智能的关系

元宇宙和人工智能之间的关系可以说是相辅相成的。首先，人工智能在元宇宙的构建和发展中起到了关键作用。元宇宙的底层架构和技术实现需要依赖人工智能的支持。例如，在元宇宙中，大量的内容需要进行生成、分发和应用，而人工智能可以加速内容生产，增强内容呈现，提升内容分发和终端应用效率。通过机器学习、自然语言处理等技术，人工智能可以使得元宇宙中的交互更加智能和自然，从而提升用户的沉浸体验。

其次，元宇宙为人工智能提供了更为广阔的应用场景。在元宇宙中，人工智能可以应用于虚拟角色的行为模拟、环境交互、智能决策等多个方面。例如，虚拟角色可以通过人工智能技术实现自主思考、学习和交流，使得元宇宙的世界更加生动和真实。此外，元宇宙中的经济系统、社交互动等也需要人工智能的支持，以实现更加智能和高效的运行。

最后，元宇宙和人工智能的结合也推动了新技术的创新和发展。随着元宇宙的兴起，越来越多的企业和研究机构开始探索将人工智能应用于其中，这催生了新的技术需求和创新动力。同时，元宇宙也为人工智能提供了更多的数据和场景，使得人工智能技术得以不断优化和升级。

总的来说，元宇宙和人工智能之间存在着密不可分的关系。它们相互促进、共同发展，共同推动着人类社会的数字化转型和智能化升级。未来，随着技术的不断进步和应用场景的拓展，元宇宙和人工智能的结合将会为人类带来更多的惊喜和可能性。

项目 2
掌握人工智能编程语言 Python

想让计算机工作,就得用计算机能懂的语言告诉它,我们想让它做什么。Python 就是一种好用的计算机语言!与其他语言比较,Python 语言最大的优点就是简洁,见图 2.1。

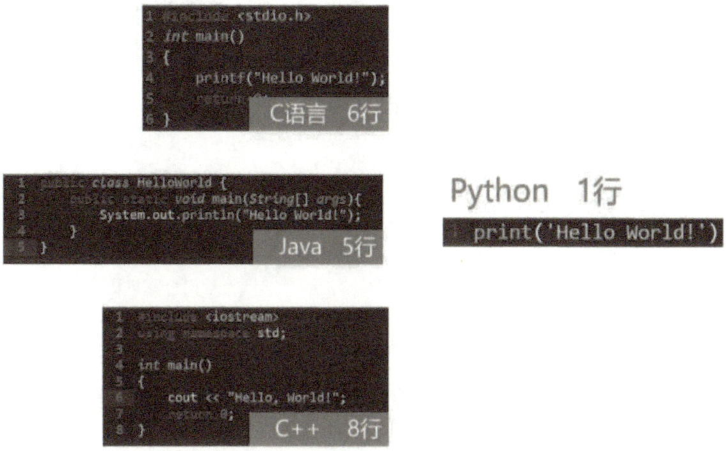

图 2.1　Python 与其他语言比较

Python 在机器学习、人工智能、大数据分析领域非常流行,可以说是算法工程师的标配编程语言。随着互联网的发展,Python 几乎在每个领域都做得非常优秀,这是一门真正意义上的全栈语言,即使目前世界上使用最广泛的 Java 语言,在很多方面与 Python 相比也逊色很多!

对还没有步入编程领域的用户而言,学习一门语言并不困难,难的是如何将语言应用到实际开发中,通过本项目学习可帮助无编程语言基础的人群快速掌握 Python,并熟练应用 Python 解决简单的实际问题。

本项目实验环境:Windows 操作系统,Jupyter Notebook 编译器,Python3.6。

任务 2.1　初识 Python——打招呼

【任务描述】

用 Python 实现初次见面打招呼,见图 2.2。

图2.2 初次见面打招呼

注意：第3步"Josh"不是直接输出四个字符串，而是动态输入的信息。

【预备知识】

和学习人类的语言一样，学习计算机语言也需要学习语法和词汇，见图2.3。

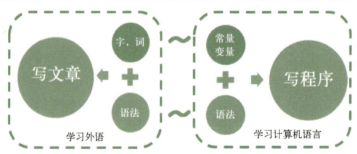

图2.3 计算机语言和自然语言

语法是用字、词组成合法的短语（函数、表达式）和句子（语句），最终形成能够表达一定语义的程序。

2.1.1 常量与变量

1. 常量

在程序执行过程中保持不变的量称为**常量**。常量有很多种类，字符串常量是最常用的一种常量。图2.2中的程序由4条语句组成，完成字符串的输入（input()）、输出（print()）和存储（person=…），代码如下：

```
print("Hello Python!")
person=input("What is your name?")
print("My name is", person)
print("Hello", person)
```

1）定义字符串常量。字符串常量是以单引号、双引号和三引号引起的一串字符，如：

```
str1='Hello Python!'
```

```
str2="Hello Python!"
str4="""Hello Python!"""
str5='''
    Hello
    Python!
    '''
```

注意：三引号可以跨行定义字符串常量。

2）字符串常量存储逻辑结构见表 2.1。

表 2.1 字符串常量"Python"的存储逻辑结构

字符	P	y	t	h	o	n
索引（正）	0	1	2	3	4	5
索引（负）	-6	-5	-4	-3	-2	-1

3）字符串常量的每个元素称为字符。

4）可以通过"索引"获取字符串常量元素，如，'Hello Python!'[1]返回'e'。注意正向索引从 0 开始，自左向右，负向索引从-1 开始，自右向左。

5）字符串常量的值为去掉引号的部分，如：'Hello Python!'的值就是 Hello Python!。

6）其他类型的常量在后面介绍。

2. 变量

在程序执行过程中可以改变的量称为变量。变量和常量的关系见图 2.4。

我们知道常量是没有输入的，而变量必须有输入。标识符只是一个符号，在无所指时，没有任何意义。一旦标识符有所指，标识符就成为变量名，标识符所指的常量就成为变量的值。变量是由变量名和变量值共同组成，是一个整体。

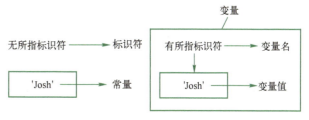

图 2.4 变量和常量的关系

1）标识符：由字母、下画线和数字组成，开头不能是数字。
2）变量名区分大小写。
3）变量值：存储的内容。
4）变量作用：可通过变量名来访问"存储空间"存储的值，节约内存空间。如，获取用户输入的内容，如果每次用户输入的内容，都用一个常量来存储的话会很麻烦。而且用户每重新输入一次，上一次的内容很多时候就没用了。因此记录上一次内容的常量就没用，会占用不必要的内存。

2.1.2 赋值语句

1）语法：变量=表达式。如：person=input('What is your name?')。
2）功能：首先计算赋值运算符"="右边的值，然后将该值存入左边变量中。
3）本质：赋值运算的本质是让标识符有所指向，见图 2.5。
a=1 的含义是让 a 指向常量 1，b=a 的含义是让 b 指向 a 所指向的存储单元。

4）在赋值号右端出现的变量，必须事先置初值，否则会出错。

5）注意：赋值是有方向的，一定从右到左，不可颠倒。

6）允许同时为多个变量赋值。例如：a=b=1。

7）可以同时为多个变量赋不同的值。例如：a,b=1,2。

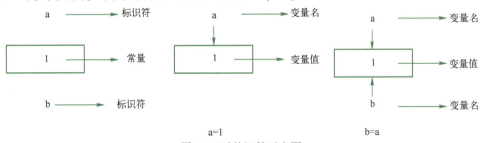

图 2.5　赋值运算示意图

2.1.3　输入与输出

程序要实现人机交互，需要能够向显示器设备输出有关信息及提示，同时也要能够接收从键盘输入的数据。Python 提供了一个标准输入函数 input()和输出函数 print()。

1. 输入函数

语法：x=input("提示信息：")。

功能：接收用户从键盘输入的数据，以字符串形式返回用户输入的信息，通常用在赋值语句中。

注意：*提示信息是字符串。*

作用：动态赋值。如果写成。person='Josh'，就是静态赋值了。

2. 输出函数

语法：print(x₁,x₂,…,xₖ)。如：print('Hello,',person,'.')。

功能：在屏幕上显示 x_i 的值，x_i 可以是任何类型的数据。

扩展：print()默认换行。不换行输出，可以使用 print('Hello,',person,'.',end=" ")的 end 参数来控制输出结尾的字符。

2.1.4　编程风格

1）必要的注释。以#开头的内容为"注释"，目的是让读程序的人能理解程序的意图，写程序的人过一阵子再看自己写的代码，也能轻易记起当时的想法。程序执行会自动忽略#之后的内容。

如果所定义字符串不被赋值，则作为多行注释，如：

```
'''
这是多行注释，用三个单引号
这是多行注释，用三个单引号
这是多行注释，用三个单引号
'''
```

2）见名知意的变量命名方式。变量名要见名知意，即用下画线"_"把每个单词连起来，如 my_name、my_friend_name 等。

3）能用变量尽量用变量。

2.1.5 Python 开发环境 Notebook

1. 安装开发环境：Jupyter Notebook

Jupyter Notebook 是一款 Python 编程 Web 环境。

（1）Anaconda 下载

首先打开 Anaconda 官网，官网首页地址为 https://www.anaconda.com/。

进入官网后，单击"Download"按钮即可开始下载。

（2）Anaconda 安装

下载完成后得到 exe 文件，双击即可开始安装（一般下载完成后会自动打开安装界面无须双击 exe 文件，若没有自动打开安装页面再双击此 exe 文件）。

按向导单击"Next"按钮，当出现图 2.6 时，这里勾选两个复选框之后单击"Install"按钮。

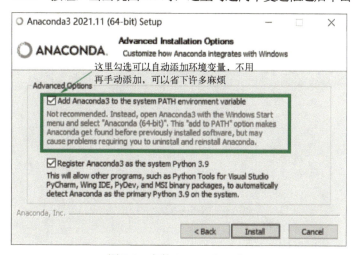

图 2.6　安装 Anaconda（1）

安装到最后一步，出现图 2.7 时，两个复选框都不勾选。

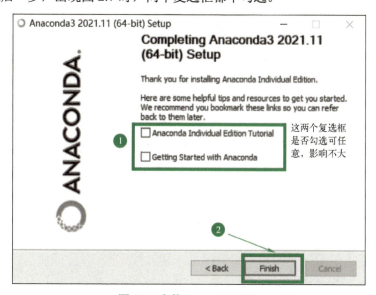

图 2.7　安装 Anaconda（2）

（3）启动 Python 环境（见图 2.8）

图 2.8　启动 Python 环境

Python 环境启动成功界面见图 2.9。

图 2.9　Python 环境启动成功

2．Notebook 编辑器介绍

Notebook 的编辑界面主要由三部分组成：菜单栏、工具条以及单元（Cell），见图 2.10。

图 2.10　Notebook 编辑界面

（1）菜单栏

1）菜单栏中 File 的功能见表 2.2。

项目 2　掌握人工智能编程语言 Python

表 2.2　菜单栏中 **File** 的功能

选　项	功　　能
New Notebook	新建一个 Notebook
Open…	在新的页面中打开主面板
Make a Copy…	复制当前 Notebook，生成一个新的 Notebook
Rename…	Notebook 重命名
Save and Checkpoint	将当前 Notebook 状态存为一个 Checkpoint
Revert to Checkpoint	恢复到此前存过的 Checkpoint
Print Preview	打印预览
Download as	下载 Notebook 并存为某种类型的文件
Close and Halt	停止运行并退出该 Notebook

2）菜单栏中 Edit 的功能见表 2.3。

表 2.3　菜单栏中 **Edit** 的功能

选　项	功　　能
Cut Cells	剪切单元
Copy Cells	复制单元
Paste Cells Above	在当前单元上方粘贴复制的单元
Paste Cells Below	在当前单元下方粘贴复制的单元
Paste Cells & Replace	替换当前单元为复制的单元
Delete Cells	删除单元
Undo Delete Cells	撤回删除操作
Split Cell	从鼠标位置处拆分当前单元为两个单元
Merge Cell Above	当前单元和上方单元合并
Merge Cell Below	当前单元和下方单元合并
Move Cell Up	将当前单元上移一层
Move Cell Down	将当前单元下移一层
Edit Notebook Metadata	编辑 Notebook 的元数据
Find and Replace	查找替换，支持多种替换方式：区分大小写、使用 JavaScript 正则表达式

3）菜单栏中 View 的功能见表 2.4。

表 2.4　菜单栏中 **View** 的功能

选　项	功　　能
Toggle Header	隐藏/显示 Jupyter Notebook 的 logo 和名称
Toggle Toolbar	隐藏/显示 Jupyter Notebook 的工具条
Cell Toolbar	更改单元展示样式

4）菜单栏中 Insert 的功能见表 2.5。

表 2.5　菜单栏中 Insert 的功能

选项	功能
Insert Cell Above	在当前单元格上方插入新单元格
Insert Cell Below	在当前单元格下方插入新单元格

5）菜单栏中 Cell 的功能见表 2.6。

表 2.6　菜单栏中 Cell 的功能

选项	功能
Run Cells	运行单元内代码
Run Cells and Select Below	运行单元内代码并将光标移动到下一单元
Run cells and Insert Below	运行单元内代码并在下方新建一单元
Run All	运行所有单元内的代码
Run All Above	运行该单元（不含）上方所有单元内的代码
Run All Below	运行该单元（含）下方所有单元内的代码
Cell Type	选择单元内容的性质
Current Outputs	对当前单元的输出结果进行隐藏/显示/滚动/清除
All Output	对所有单元的输出结果进行隐藏/显示/滚动/清除

6）菜单栏中 Kernel 的功能见表 2.7。

表 2.7　菜单栏中 Kernel 的功能

选项	功能
Interrupt	中断与内核连接（等同于 ctrl.c）
Restart	重启内核
Restart & Clear Output	重启内核并清空现有输出结果
Restart & Run All	重启内核并重新运行 Notebook 中的所有代码
Reconnect	重新连接到内核
Change kernel	切换内核

7）菜单栏中 Help 的功能见表 2.8。

表 2.8　菜单栏中 Help 的功能

选项	功能
User Interface Tour	用户使用指南，帮助用户全面了解 Notebook
Keyboard Shortcuts	快捷键大全
Notebook Help	Notebook 使用指南
Markdown	Markdown 使用指南
Python...pandas	各类使用指南
About	关于 Jupyter Notebook 的一些信息

（2）工具条（见图2.11）

图 2.11　工具条功能

（3）Cell 的四种类型

Cell 有四个选项，见图2.12。

图 2.12　Cell 的四个选项

代码（Code）、Markdown、原生（Raw）NBConvert、标题（Heading），这四种功能可以互相切换。Code 用于写代码，Markdown 用于文本编辑，Raw NBConvert 中的文字或代码等都不会被运行，Heading 用于设置标题，这个功能已经包含在 Markdown 中了。

表 2.9 给出了常用的 Markdown 用法。

表 2.9　常用的 Markdown 用法

功能	实现	示例	效果
标题	文字前面加上#和空格	# 一级标题 ## 二级标题 ### 三级标题	**一级标题** **二级标题** 三级标题
加粗	文本两侧加两个*	**加粗**	**加粗**
斜体	文本两侧各加一个*	*斜体*	*斜体*
无序列表	文本前面加.空格	. 文本1 . 文本2	• 文本1 • 文本2
有序列表	文字前面加数字.和空格	5. 文本1 6. 文本2	5. 文本1 6. 文本2
链接		![百度](https://www.baidu.com)	百度

【实施过程】

1. 参考代码

```
print('Hello Python!')                    #输出'Hello Python!'
person=input('What is your name?')        #等待回答，并将回答结果存入变量person中
print("My name is: ",person)
```

```
print('Hello,',person,'.')            #输出你的回答
```

2．运行结果

```
Hello Python!
What is your name?Josh
My name is:  Josh
Hello, Josh .
```

3．程序说明

任务 2.1 的程序逻辑见图 2.13。

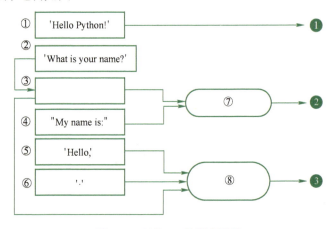

图 2.13　任务 2.1 的程序逻辑

任务 2.1 程序涉及 Python 一些术语：常量、变量、表达式、输入函数和输出函数。

图 2.13 中，每个方框或圆角框表示一块内存区域，没有输入箭头的方框①②⑤⑥表示常量，包含输出箭头的方框③表示变量，输入箭头表示输入或存储，输出箭头表示输出或取值，无所指的输出箭头是输出语句，如❶❷❸，记为 print()，输入箭头所指方框没有值，表示输入语句，记为 input()。

圆角框表示表达式，表达式就是对常量、变量的一种运算。从某种意义讲，常量、变量是特殊的表达式。

任务 2.1 是一种顺序结构。顺序结构是最简单的程序结构，也是最常用的程序结构，只要按照解决问题的顺序写出相应的语句，它的执行顺序是自上而下，依次执行。

任务 2.2　分支结构——计算应发放奖金

【任务描述】

企业发放的奖金根据利润提成。利润低于或等于 10 万元时，奖金可提 10%；利润高于 10 万元，低于 20 万元时，低于 10 万元的部分按 10%提成，高于 10 万元的部分可提成 7.5%；20 万~40 万之间时，高于 20 万元的部分可提成 5%；超过 40 万元的部分按 3%提成，从键盘输入当月利润，求应发放奖金总数。

项目 2　掌握人工智能编程语言 Python

【预备知识】

在解决实际问题时，我们经常会遇到需要根据不同条件选择不同操作的情况，Python 提供了选择结构解决这类问题。

程序开发中经常会用到选择结构，比如，用户登录时需判断用户名和密码是否全部正确，进而决定用户是否能够成功登录。

if 语句可使程序产生分支，根据分支数量的不同，if 语句分为单分支、双分支和多分支语句，见图 2.14。

图 2.14　选择结构分类

2.2.1　运算符

（1）算术运算符

Python 常用算术运算符见表 2.10。

表 2.10　Python 常用算术运算符

运算符	说　明	实　例	结　果
+	加	12.45+15	27.45
−	减	5.56−0.26	5.3
*	乘	5*3.6	18.0
/	除法（和数学中的规则一样）	7/2	3.5
//	整除（只保留商的整数部分）	7//2	3
%	取余，即返回除法的余数	7%2	1
**	幂运算/次方运算，即返回 x 的 y 次方	2**4	16，即 2^4

（2）逻辑运算符

Python 常用逻辑运算符见表 2.11。

表 2.11　Python 常用逻辑运算符

运算符	表达式	运算规则	实　例	结　果
and	x and y	如果 x 为 False，返回 x，否则返回 y	3 and 5, 0 and 5	5, 0
or	x or y	如果 x 为 True，返回 x，否则返回 y	3 or 5, 0 or 5	3, 5
not	not x	如果 x 为 True，返回 False，否则返回 True	not 3	False

（3）关系运算符

Python 常用关系运算符见表 2.12。

表 2.12 Python 常用关系运算符

运算符	说明	实例	结果
==	等于	3==5	False
!=	不等于	3!=5	True
>	大于	3>5	False
<	小于	3<5	True
>=	大于或等于	3>=3	True
<=	小于或等于	3<=3	True

2.2.2 单分支

1）单分支结构（见图 2.15）。

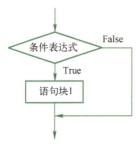

图 2.15 单分支结构

2）功能：如果条件表达式为真，执行语句块 1。
3）语法：

```
if 条件表达式:
    语句块 1
```

4）条件表达式：由关系运算符或逻辑运算符连接起来的有意义的式子。
5）关于编程风格：
Python 使用缩进来区分不同的代码块，所以对缩进有严格要求。
① 缩进不符合规则，解析器会报缩进错误，程序无法运行。
② 缩进的不同，程序执行的效果也有可能产生差异，见图 2.16。
例如，图 2.16 中的代码，左边代码会打印第 2 行，而右边代码，1、2 行都不打印。

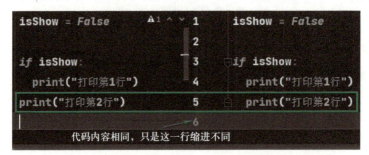

图 2.16 缩进的不同，程序执行的效果也有可能产生差异

③ 相同逻辑层（同一个代码块）保持相同的缩进量。

④ ":" 标记一个新的逻辑层。
⑤ Python 可以使用空格或制表符（Tab 符）标记缩进，缩进量（字符个数）不限。Python 遵循 PEP8 编码规范，指导使用 4 个空格作为缩进。

2.2.3 双分支

1）双分支结构（见图 2.17）。

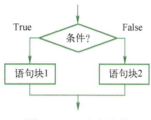

图 2.17 双分支结构

2）功能：如果条件为真执行语句块 1，否则执行语句块 2。
3）语法：

```
if 条件表达式:
    语句块 1
else:
    语句块 2
```

2.2.4 多分支

实际问题中常常需要判断一系列的条件，一旦其中某一个条件为真就立刻停止。如果判断条件在两个以上，需要使用多分支结构。

1）多分支结构（见图 2.18）。

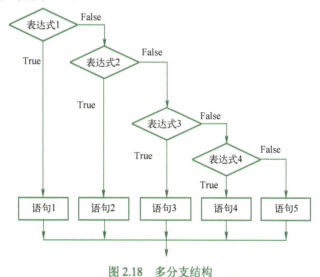

图 2.18 多分支结构

2）功能：如果表达式 k 为真，则执行语句 k。
3）语法：

```
if 表达式 1：
    语句 1
elif 表达式 2：
    语句 2
elif 表达式 3：
    语句 3
……
else：
    语句 5
```

【实施过程】

1. 参考代码

```
profit = float(input("请输入当月利润,单位为元："))
if profit <= 100000:
    bonus = profit * 0.1
elif 100000 < profit and profit <= 200000:
    bonus = 100000 * 0.1 + (profit . 100000) * 0.075
elif 200000 < profit  and  profit <= 400000:
    bonus =100000 * 0.1 + 100000 * 0.075 + (profit . 200000) * 0.05
elif profit >400000:
    bonus = 100000 * 0.1 + 100000 * 0.075 +200000 * 0.05 +(profit . 400000) * 0.03
print('当月应发放奖金总数为%s 元' % bonus)
```

2. 运行结果

```
请输入当月利润,单位为元：48000
当月应发放奖金总数为 4800 元

请输入当月利润,单位为元：480000
当月应发放奖金总数为 29900.0 元
```

3. 程序说明

1）程序是四分支结构。

2）"200000 < profit   and   profit <= 400000"等价于 200000 < profit <= 400000。

3）代码第 7 行，"100000 * 0.1 + 100000 * 0.075 + (profit . 200000) * 0.05"的含义是：假设利润是 23 万，10 万元的奖金是 1 万元，去掉 10 万后的 10 万元奖金是 7500 元，剩下 3 万的奖金是 1500 元。

4）代码最后一行，第 1 个"%s"表示格式化一个对象为字符，是占位符；第 2 个"%"表示转换。

任务 2.3　循环结构——重复打印一句话 100 遍

【任务描述】

一对情侣吵架，男友向女友道歉，保证下次再也不吵了，女友原谅了男友，但让男友在计算机上输出 100 遍"亲爱的，我错了"。如果男友不是程序员，就只能输入 100 遍 print("亲爱的，我错了!")，见图 2.19。如果男友是程序员就只需输入两行代码，见图 2.20。

图 2.19　非程序员的道歉

图 2.20　程序员的道歉

【预备知识】

2.3.1　for 循环结构流程图

for 循环结构流程图见图 2.21。

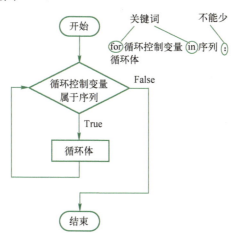

图 2.21　for 循环结构流程图

1）功能：循环语句允许执行循环体多次，从序列第一个元素开始，直到最后一个元素结束。循环体可以是一个语句，也可以是多个语句。

2）语法：

```
for 循环控制变量 in 序列:
    循环体
```

① 循环体严格缩进（4 个空格）书写。

② 序列可以表示为[a1,a2,…,an]、{a1,a2,…,an}、(a1,a2,…,an)、字符串或 range(begin,end,step)。

③ range(begin,end,step)产生从 begin 开始到 end，步长为 step 的序列，如：range(1,10,3)返回序列[1,4,7]。

3）成员运算符见表 2.13。

表 2.13 成员运算符

运算符	说明	实例	结果
in	如果在指定的序列中找到值，返回 True，否则返回 False	5 in [1,5,8] 3 in [1,5,8]	True False
not in	和 in 相反	5 not in [1,5,8] 3 not in [1,5,8]	False True

2.3.2 while 循环结构流程图

while 循环结构流程图见图 2.22。

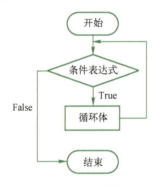

图 2.22 while 循环结构流程图

1）功能：while 循环语句是"先判断，后执行"。如果刚进入循环时条件就不满足，则循环体一次也不执行。需要注意的是，一定要有语句修改条件表达式，使其有为假的时候，否则将进入"死循环"。

2）伪代码：

```
while 条件表达式:
    循环体
```

2.3.3 break 和 continue

（1）break 语句

可以使用 break 语句跳出循环体，去执行循环后面的语句。在循环结构中，break 语句通常与条件语句一起使用，以便在满足条件时跳出循环（见图 2.23）。

（2）continue 语句

有时并不希望终止整个循环的操作，而只希望提前结束本次循环，接着执行下次循环，这时可以用 continue 语句。与 break 语句不同，continue 语句的作用是结束本次循环，即跳过循环体中 continue 语句后面的语句，开始下一次循环（见图 2.24）。

项目 2　掌握人工智能编程语言 Python

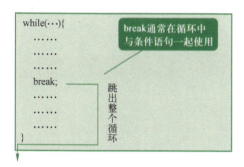

图 2.23　break 语句逻辑

图 2.24　continue 语句逻辑

【实施过程】

1. 参考代码

```
for x in range(100):
    print("亲爱的，我错了！")
```

2. 运行结果

运行结果见图 2.25。

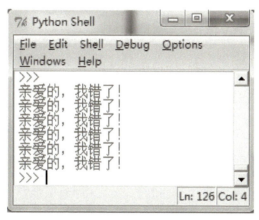

图 2.25　任务 2.3 运行结果

任务 2.4　数据结构——账号密码登录模拟

　　数据结构是计算机存储、组织数据的方式。数据结构是指相互之间存在一种或多种特定关系的数据元素的集合。通常情况下，精心选择的数据结构可以带来更高的运行或者存储效率。数据结构往往同高效的检索算法和索引技术有关。

　　在任务 2.1 中已经介绍过 Python 字符串、变量等简单数据结构。除字符串、变量外，Python 还有一些序列结构：列表、元组、字典、集合等，它们都可以包含零个或多个元素。与字符串不同的是，它们有时并不要求所含元素的种类相同，每个元素都可以是任何 Python 类型的对象。得益于此，用户可以根据自己的需求和喜好创建具有任意深度及复杂度的数据结构。

❋【任务描述】

编写一个多用户登录验证程序,要求实现以下功能。

1)输入用户名和密码。

2)认证成功显示登录信息。

3)同一用户输错 3 次密码后被锁定,并退出程序。

【预备知识】

2.4.1 字典

在实际开发过程中,我们会遇到需要将相关数据关联起来的情况,例如,处理学生的学号、姓名、年龄、成绩等信息。另外,还会遇到需要将一些能够确定的不同对象看成一个整体的情况。Python 提供了字典和集合这两种数据结构来解决上述问题。

字典是 Python 中常用的一种数据存储结构,它的元素是由"键:值"对组成。

(1)字典的特点

1)字典长度不限。

2)字典中的每个元素是"键:值"对形式,表示一种映射关系。

3)键必须是唯一的,可以是 Python 中任意不可变数据,如整数、实数、复数、字符串、元组等类型。

4)值支持任意类型数据。

(2)字典创建

1)语法:

{键1:值1, 键2:值2, 键3:值3,…}

2)快速体验:

```
stu_info = {'num':'20180101', 'name':'Liming', 'sex':'male'}      #创建字典
stu_class1 = {    #字典中嵌入列表
    'Mary':['C','Math'],
    'Jone':['Java','Art'],
    'Lily':['Python'],
    'Tony':['Python','Mysql','Math']
    }
stu_info1 = {     #字典中嵌套字典
    'WangMi':{'sex':'F','age':'15'},
    'LinMei':{'sex':'M','age':'14'},
    'ChenHui':{'sex':'F','age':'14'}
    }
```

想了解其他创建字典方法的读者,可以参考相关文档。

3)说明:字典中的"键"是唯一的,创建字典时若出现"键"相同的情况,则后定义的"键:值"对将覆盖先定义的"键:值"对。如:{'a':1, 'b':2, 'b':'3'}返回{'a':1,'b':'3'}。

(3) 获取字典所有键
1) 语法：

```
dict.keys()
```

2) 快速体验：

```
stu_class = {'Mary':'C','Jone':'Java','Lily':'Python', 'Tony':'Python' }
for name in stu_class.keys():          #遍历字典所有的键
    print(name)
```

返回：

```
Mary
Jone
Lily
Tony
```

(4) 获取字典所有值
1) 语法：

```
dict.values()
```

2) 快速体验：

```
stu_class = {'Mary':'C','Jone':'Java','Lily':'Python', 'Tony':'Python' }
for cla in stu_class.values():         #遍历字典所有的值
    print(cla)                         #输出每个值
```

返回：

```
C
Java
Python
Python
```

(5) 获取字典所有"键:值"对元组列表
1) 语法：

```
stu_class.items()
```

2) 快速体验：

```
stu_class = {'Mary':'C','Jone':'Java','Lily':'Python', 'Tony':'Python' }
for name, cla in stu_class.items():   #遍历"键:值"对
    print(name,'选修的是',cla)         #输出每个值
```

返回：

```
Mary 选修的是 C
Jone 选修的是 Java
Lily 选修的是 Python
Tony 选修的是 Python
```

(6) 根据键访问值

1) 描述：字典中的每个元素表示一种映射关系，将提供的"键"作为下标可以访问对应的"值"，如果字典中不存在这个"键"则会抛出异常。

2) 快速体验：

```
stu_info = {'num':'20180105', 'name':'Yinbing', 'sex':'male'}
stu_info['num']
返回：'20180105'
```

(7) 使用 get()方法访问值

1) 描述：在访问字典时，若不确定字典中是否有某个键，可通过 get()方法进行获取。若该键存在，则返回其对应的值，若不存在，则返回指定的默认值。

2) 快速体验：

```
stu_info.get('num')
返回'20180105'
stu_info.get('age',18)
返回：18
```

2.4.2 动态赋值

1) 语法：

```
x=input("提示信息：")
```

执行结果见图 2.26。

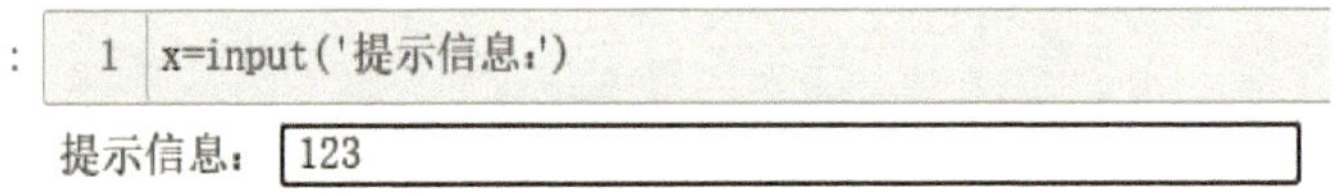

```
1  x=input('提示信息:')
提示信息：123
```

图 2.26 执行 input()结果

2) 功能：接收用户从键盘输入的数据，以字符串形式返回用户输入的信息，通常用在赋值语句中。

3) 注意：提示信息是字符串。

【实施过程】

1. 参考代码

```
count =0                                          #定义 count 变量并赋初值为 0
dict1={'alex':[123,count],'Tom':[456,count]}      #定义字典，用于存储用户信息
while True:                                       #开始循环
    name = input("请输入你的账号:")                 #输入用户名
    password = int(input("请输入你的密码:"))         #输入密码
    if name not in dict1.keys():                  #如果输入的用户名不在字典中
        print("账号 %s 不存在"%name)                #输出提示语
        break                                     #跳出循环
    if dict1[name][1] > 2:                        #如果次数大于 2
```

```
            print("您已输入超过三次, %s 账号被锁定"%name)      #输出被锁定提示信息
            break                                              #跳出循环
        if password == dict1[name][0]:                         #如果输入的密码正确
            print("登录成功")                                   #输出登录成功提示语
            break                                              #跳出循环
        else:                                                  #密码输入错误
            print("账号或密码错")                                #输出提示语
            dict1[name][1] +=1                                 #次数加1
```

2. 运行结果

测试 1 结果:

请输入你的账号:Tom
请输入你的密码:123
账号或密码错
请输入你的账号:Tom
请输入你的密码:456
登录成功

测试 2 结果:

请输入你的账号:cxy
请输入你的密码:123
账号 cxy 不存在

测试 3 结果:

请输入你的账号:Tom
请输入你的密码:111
账号或密码错
请输入你的账号:Tom
请输入你的密码:222
账号或密码错
请输入你的账号:Tom
请输入你的密码:333
账号或密码错
请输入你的账号:Tom
请输入你的密码:444
您已输入超过三次, Tom 账号被锁定

3. 程序说明

1) 字典 dict1 是一个嵌套了列表的字典。
2) 最后一行 dict1[name][1]获取字典列表 count 值。
3) dict1[name][0]获取字典列表第 1 个元素值, 即密码。
4) 程序使用三个并列分支, 其中有两个单分支、一个双分支。
5) 代码第 3 行是无限循环, 有三个出口。

任务 2.5 模块——查询女学生的学号与姓名

【任务描述】

本任务数据是一张 Excel 表, 对应 Python 的数据结构是数据框。数据框 (DataFrame)

df 是由一组数据（df.values）、行索引（df.index）和列索引（df.columns）组成的二维数据结构，见图 2.27。

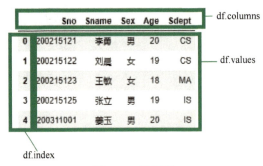

图 2.27　数据框

使用数据框前，首先要导入 Pandas 模块。Pandas 模块是基于 Python 平台的数据管理利器，已经成为使用 Python 进行数据分析和挖掘时的数据基础平台。使用 Pandas 模块可以完成数据读入、数据清理、数据准备、图表呈现等工作，为继续学习机器学习打下坚实基础。

【预备知识】

2.5.1　模块

模块可以实现代码复用，减少开发成本的举措。Python 中的模块可分为三类：内置模块、第三方模块和自定义模块（见图 2.28）。

图 2.28　模块分类

1. 模块导入

导入模块的语法如下：

```
import 模块名
如：import pandas
```

如果导入模块的名称较长，可使用 as 为模块起别名，语法如下：

```
import 模块名 as 别名
如：import pandas as pd
```

如果只希望导入模块中指定的类或函数，语法如下：

```
from 模块名 import 类或函数名
如：from sklearn.datasets import names
```

在使用第三方模块之前，需要使用包管理工具——pip 下载和安装第三方模块，语法如下：

```
pip install 模块名
如：pip install pandas
```

2. 内置模块

Python 内置了许多标准模块，例如 math、sys、os、random 和 time 等模块。

3. 常用第三方模块

1）NumPy 是 Python 科学计算的基础工具包，支持大量的数组和矩阵运算，也为数组运算提供了大量的数学函数库。

2）Pandas 是 Python 数据分析的库，提供二维数据结构数据框的相关操作。

3）Plotly 支持许多图形操作，用于可视化。

4）scikit-learn（sklearn）是机器学习的核心程序库，封装了大量经典的机器学习模型。

5）NLTK（Natural Language Toolkit）是常用的自然语言处理工具包。

2.5.2　数据框

1. 创建数据框

（1）从字典中创建数据框

1）语法：

```
dict1={key1:[values1],key2:[values2],…}
pd.DataFrame(dict1)
```

2）快速体验：

```
dict1 = {"name":["Tony","Nancy","Judy","Cindy"],
        "age":[16,17,18,15],
        "sex":["male","female","female","female"]}
df2 = pd.DataFrame(dict1)
```

执行结果见图 2.29。

[1]:

	name	age	sex
0	Tony	16	male
1	Nancy	17	female
2	Judy	18	female
3	Cindy	15	female

图 2.29　数据框创建

（2）从 Excel 文件创建数据框

语法：

```
df=pd.DataFrame(pd.read_excel(文件名))
```

2. 了解数据

（1）head()与 tail()

df.head(n)方法返回前 n 行，默认是 5。

df.tail(n)方法返回后 n 行，默认是 5。

（2）info()

df.info()方法可以查看数据表中的数据类型，而且不需要一列一列地查看，df.info()可以输出整个表中所有列的数据类型。

（3）shape()

df.shape()方法以元组的形式返回行、列数。

（4）describe()

df.describe()方法可以获取所有数值类型字段的分布值。

3. 获取数据框元素

（1）获取行

1）loc 方法：传入的是行所在行索引的名称。

```
df1.loc[2]            #返回行索引为 2 的行
```

注意：要想返回数据框，需要再加一层[]，如 df1.loc[[2]]，下同。

```
df1.loc[[1,3]]        ## 选择第 1 行和第 3 行
```

2）iloc 方法：传入的是行的绝对位置。

```
df1.iloc[2]           #返回第 3 行
df1.iloc[:2]          #选择前 2 行
df1.iloc[[0,2]]       #选择第 1 行和第 3 行，或 df1.loc[[1,3]]
```

3）条件过滤。

```
df[df["column_name"] == value]                                    #单一条件过滤
df[(df["column_name1"]<=value2)&(df["column_name2"]==value2)]     #多条件过滤
df[df["Col3"] 关系表达式 value][["Col1","Col2"]]                   #过滤满足条件的列
```

（2）获取列

1）列名方法：

```
df1["name"]           # 选择 name 列
df1[["name","num"]]   # 多列名要用列表
```

2）点方法：

```
df1.name              # 选择 name 列，只能选择一列
```

（3）行列同时获取

1）loc 方法：传入的是行所在行索引，所在列的名称。

```
df1.loc[[1,3],["name","age"]]    # 获取 1、3 标签行的 name、age 列
```

```
df1.loc[:,["name","num"]]        # 获取 name num 列的全部行
df1.loc[[2,3],:]                 # 获取 2、3 标签行的全部列
df1.loc[1:3,:]                   # 获取 1~3 行的全部列
```

2）iloc 方法：传入的是行所在行，所在列的绝对位置。

```
df1.iloc[[0,2],[0,1]]            # 获取第 0、2 行的第 0、1 列元素
df1.iloc[:,[0,2]]                # 获取第 0、2 列的全部行
df1.iloc[[1,2],:]                # 获取第 1、2 行的全部列
df1.iloc[0:3,:]                  # 获取第 1~3 行的全部列
```

【实施过程】

```python
# 查询女学生的学号与姓名
import pandas as pd
import os
os.chdir("D:\课程\Python")        #设置当前路径
s= pd.DataFrame(pd.read_excel('sql.xlsx',2))
s[s['Sex']=='女'][['Sno','Sname']]
```

项目 3
让机器拥有"举一反三"能力——机器学习

学习是人类具有的一种重要智能行为,但究竟什么是学习,社会学家、逻辑学家和心理学家都各有其不同的看法。按照人工智能大师西蒙的观点,学习就是系统在不断重复的工作中对本身能力的增强或者改进,使得系统在下一次执行同样任务或类似任务时,会比现在做得更好或效率更高。

通过本项目的学习,让读者了解机器学习(Machine Learning,ML)是使计算机实现智能的根本途径。本章思维导图见图 3.1。

任务 3.1 安装 Python 机器学习算法库

【任务描述】

Scikit-learn 是一个开源的 Python 机器学习库,被广泛用于机器学习、数据挖掘和数据分析。该库包含分类、回归、聚类和降维等机器学习算法。此外,Scikit-learn 还包含预处理、模型选择和评估等工具,以帮助我们将算法应用于实际问题。

Scikit-learn 将所有任务分为六大类(见图 3.2)。

【预备知识】

3.1.1 机器学习背景

用人工智能方法解决问题的本质就是建立输入数据 x 和输出数据 y 之间的近似映射,使其无限逼近真实映射。如果 x 和 y 存在映射(模型),见图 3.3,有两种情况:一对一映射和多对一映射。一对一映射为 $y=x+1$,多对一映射为 if $x>0$ then $y=$ 正数, if $x<0$ then $y=$ 负数。

但现实绝大多数情况下,无法找到输入数据 x 和输出数据 y 之间的映射,或者寻找这个映射成本太高。在这种情况下,机器学习就派上用场了。

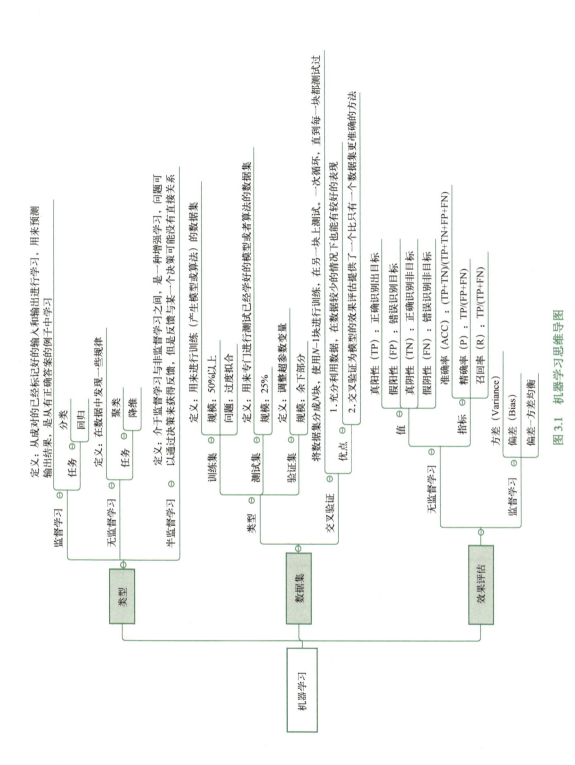

图 3.1 机器学习思维导图

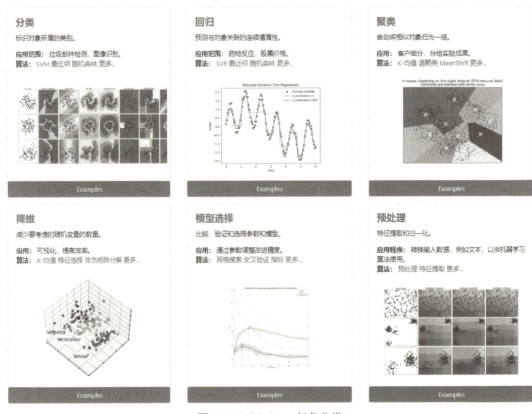

图 3.2 Scikit-learn 任务分类

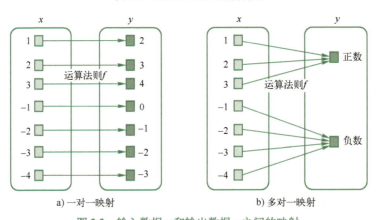

a) 一对一映射　　　　　　　　b) 多对一映射

图 3.3 输入数据 x 和输出数据 y 之间的映射

例 2.1 请预测表 3.1～表 3.3 中 "?" 的值。

表 3.1 确定 y_1 和 x_1 之间的关系

x_1	3	1	7	2	4
y_1	4.5	2.5	8.5	3.5	?

很容易看出 y_1 和 x_1 之间的关系为 $y_1=x_1+1.5$，知道了这个关系，可以得到 "?" 的值为 5.5。

表 3.2 确定 y_2 和 x_2 之间的关系

x_2	3	6	8	1	2
y_2	9.5	37.5	65.5	2.5	?

y_2 和 x_2 之间的关系为 $y_2 = x_2^2 + 1.5$，这个关系不容易看出，但知道了这个关系，可以得到"?"的值为 5.5。

表 3.3 确定 y 和 x_1, x_2 之间的关系

x_1	2	6	5	1	4
x_2	7	9	3	2	5
y	52.8	97.7	21.2	6	?

y 和 x_1、x_2 之间的关系为 $y = x_1^{3/2} + x_2^2 + 1$，人是无法看出的，但是一旦学习到了这个关系，"?"的值就可以计算了。

3.1.2 机器学习概念

什么是机器学习？至今，还没有统一的"机器学习"定义，而且也很难给出一个公认的和准确的定义。为了便于进行讨论和促进学科的进展，有必要对机器学习给出定义，即使这种定义是不完全的和不充分的。顾名思义，机器学习是研究如何使用机器来模拟人类学习活动的一门学科。稍为严格的提法是：机器学习是通过计算的手段，利用经验来改善系统自身性能。

机器学习和程序设计之间的区别见图 3.4。

图 3.4 机器学习和程序设计之间的区别

3.1.3 机器学习过程

机器学习过程见图 3.5。

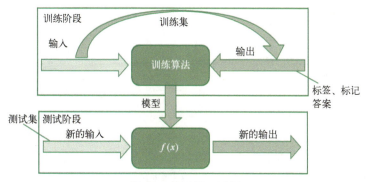

图 3.5 机器学习过程

1）机器学习过程分为两个阶段：训练阶段、测试阶段。
2）训练阶段：输出模型。
3）测试阶段：使用模型做出预测。
4）实际还需要对训练阶段输出的模型进行评估，如果评估通过则进入测试阶段，否则要重新训练（改变数据、算法、参数）。

3.1.4 机器学习分类

根据数据集是否有标记，把机器学习分为两类：有监督学习和无监督学习，见图3.6。

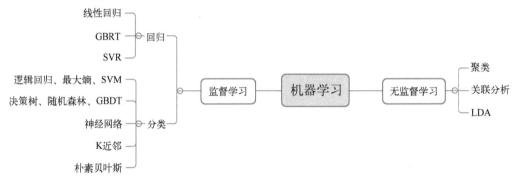

图 3.6 机器学习分类

有监督学习是从有标记的数据来学习模型。
无监督学习处理的则是没有标记的数据。

有监督学习根据输出的类型分为两类：一类是离散输出，通常是表示个体的类别，即**分类问题**。比如把客户分两类，高价值客户、低价值客户。另一类就是连续输出，即**回归问题**。比如要预测公司的收入、生产流程的能耗等。将以上四类排列组合，就形成了四种不同类型的机器学习范式，见表3.4。

表 3.4 四种不同类型的机器学习范式

一级分类	二级分类	输出类型	算 法	评估方法
有监督学习（有输出）	分类问题	离散	决策树（ID3,C4.5,CRAT） 随机森林 支持向量机（SVM） 贝叶斯分类器	正确率 精准率 召回率 F1 分数
	回归问题	连续	回归分析	均方误差 绝对误差 R^2 分数
无监督学习（无输出）	聚类问题	无	K 均值（Kmeans）	类内距离小 类间距离大
	降维问题	无	LDA	

聚类问题是通过机器学习将一些没有标记过的数据归为几类。聚类的目标是找到这些数据中具有某些相似特征的簇，找到每个样本的输入数据和簇之间的归属关系。也就是说，聚类中，我们需要按照一定的模式，把所关心的样本归并到一些簇里。

在商业实践中，聚类对于发现一些特定的人群结构非常有用。例如，一个簇对应了年轻的母亲，一个簇对应了中年艺术家，一个簇对应了软件专业人士，等等。理解了人群的不同特点和诉求后，公司才可以针对性地定位、开发、推广产品。另外，聚类中有时会发现一些未曾关注却占比显著的簇，那么整个品牌的定位都会被聚类的结果和发现影响。由此可见，聚类体系是可以为商业带来价值的。

【实施过程】

1. 加载数据集

自带的小数据集：sklearn.datasets.load_。

可在线下载的数据集：sklearn.datasets.fetch_。

计算机生成的数据集：sklearn.datasets.make_。

svmlight/libsvm 格式的数据集:sklearn.datasets.load_svmlight_file(…)。

2. 如何在官网中找到模型操作文档

在官网中找到相关评估器（模型）说明，这对于理解模型的原理及使用方法等是非常重要的。下面以线性回归（LinearRegression）任务为例：

实现线性回归参数计算的方法有很多种，可以通过最小二乘法进行参数求解，也可以通过梯度下降进行迭代求解。如果要详细了解训练过程的参数求解方法，就需要到官网中查阅评估器的相关说明（见图 3.7）。LinearRegression 是一个回归类模型，所以该模型在 scikit-learn 官网说明的 Regression 板块中。

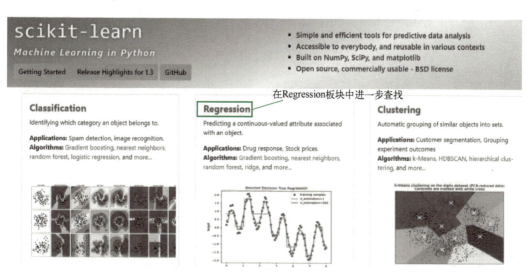

图 3.7 LinearRegression 模型操作文档

可以看到，在该模型的"1.1.1. Ordinary Least Squares"中（见图 3.8），就是关于 LinearRegression 评估器的相关说明。对于任何一个评估器，说明文档会先介绍算法的基础原理、算法公式（往往就是损失函数计算表达式）以及一个简单的例子，必要时还会补充算法提出的相关论文链接，带领用户快速入门（见图 3.9）。

图 3.8 阅读评估文档

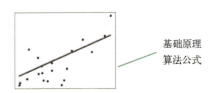

图 3.9 快速入门

说明文档中会对算法的某些特性进行探讨（往往都是在使用过程中需要注意的问题），例如对于普通最小二乘法，最大的问题在于特征矩阵出现严重多重共线性时，预测结果会出现较大的误差。然后，说明文档会列举该算法的完整使用过程，也就是穿插在说明文档中的例子。最后，说明文档会讨论几个在模型使用过程中经常关注的点，对于线性回归，此处列举了两个常见问题，即非负最小二乘法如何实现，以及最小二乘法的计算复杂度（见图 3.10）。

3. 导入 Titanic 数据分析依赖包

```
import pandas as pd
import numpy as np
import matplotlib.pyplot as plt
import seaborn as sns     #可视化
%matplotlib inline
```

The coefficient estimates for Ordinary Least Squares rely on the independence of the features. When features are correlated and the columns of the design matrix X have an approximately linear dependence, the design matrix becomes close to singular and as a result, the least-squares estimate becomes highly sensitive to random errors in the observed target, producing a large variance. This situation of *multicollinearity* can arise, for example, when data are collected without an experimental design. ——— 最小二乘法的局限性

Examples:

- Linear Regression Example ——— 线性回归的使用示例

1.1.1.1. Non-Negative Least Squares

It is possible to constrain all the coefficients to be non-negative, which may be useful when they represent some physical or naturally non-negative quantities (e.g., frequency counts or prices of goods). LinearRegression accepts a boolean `positive` parameter: when set to `True` Non-Negative Least Squares are then applied. ——— 非负最小二乘法的介绍

Examples:

- Non-negative least squares ——— 非负最小二乘法的使用示例

1.1.1.2. Ordinary Least Squares Complexity

The least squares solution is computed using the singular value decomposition of X. If X is a matrix of shape (n_samples, n_features) this method has a cost of $O(n_{samples} n_{features}^2)$, assuming that $n_{samples} \geq n_{features}$. ——— 复杂度

图 3.10 算法特性探讨

任务 3.2 准备数据

【任务描述】

数据的预处理是机器学习流程中的第一步，决定了后续建模的质量和可靠性。数据的预处理包括数据准备、数据集划分、数据清洗、数据集成、数据转换、特征工程和数据规约等步骤，通过这些步骤可以使数据变得更加丰富、准确、完整、一致和可用，从而提高机器学习的性能。

首先，数据的预处理可以帮助我们清洗数据。在实际应用中，数据往往存在缺失值、异常值和重复值等问题。这些问题会对建模的结果产生负面影响。通过数据清洗，可以去除或填补缺失值、修正异常值、删除重复值等，从而使数据更加干净和可靠。

其次，数据的预处理可以帮助我们集成数据。在实际应用中，数据往往有不同的来源，以不同的格式存储，具有不同的结构和语义。数据集成可以将不同来源的数据整合在一起，形成一个一致的数据集。这样做可以避免数据重复和冗余，提高数据的可用性和可靠性。

再次，数据的预处理可以帮助我们转换数据。在实际应用中，数据往往以不同的形式和单位进行表示。数据转换可以将数据转换为适合分析和建模的形式，例如，可以对数据进行数值化、标准化、归一化、离散化等操作，使得数据更加易于处理和比较。

最后，数据的预处理可以帮助我们规约数据。在实际应用中，数据往往具有很高的维度和冗余。数据规约可以通过选择、投影、聚类等方法减少数据的维度和冗余，从而提高分析和建模的效率和准确性。

【实施过程】

3.2.1 数据集

找不到一个特定的数据集来解决对应的机器学习问题，这是非常痛苦的。下面列举了一

些用于实验的大型数据集，这些数据集的网站中包含描述、使用示例等，在某些情况下还包含用于解决与该数据集相关的机器学习问题的算法代码。

（1）Kaggle 数据集

网址：http://www.kaggle.com/datasets。

每个数据集都有对应的一个小型社区，用户可以在其中讨论数据、查找公共代码或创建自己的项目。该网站包含大量形状、大小、格式各异的真实数据集。在社区中还可以看到与每个数据集相关的“内核”，其中包含了许多数据科学家分析数据集的笔记。

（2）亚马逊数据集

网址：https://registry.opendata.aws。

该数据集包含多个不同领域的数据集，如公共交通、生态资源、卫星图像等。它提供了搜索框来帮助寻找数据集，另外还有数据集描述和使用示例，这是非常简单、实用的！

（3）UCI 机器学习库（见图 3.11）

网址：https://archive.ics.uci.edu/ml/datasets。

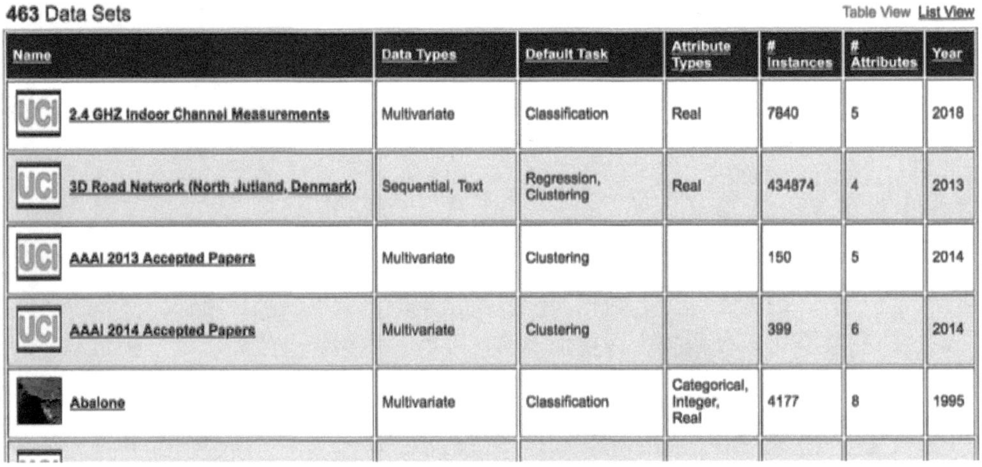
463 Data Sets　　Table View　List View

Name	Data Types	Default Task	Attribute Types	# Instances	# Attributes	Year
2.4 GHZ Indoor Channel Measurements	Multivariate	Classification	Real	7840	5	2018
3D Road Network (North Jutland, Denmark)	Sequential, Text	Regression, Clustering	Real	434874	4	2013
AAAI 2013 Accepted Papers	Multivariate	Clustering		150	5	2014
AAAI 2014 Accepted Papers	Multivariate	Clustering		399	6	2014
Abalone	Multivariate	Classification	Categorical, Integer, Real	4177	8	1995

图 3.11　UCI 机器学习库

UCI 机器学习库是加州大学信息与计算机科学学院创建的一个数据库，包含了 100 多个数据集，并根据机器学习问题的类型对数据集进行分类，从中可以找到单变量、多变量、分类、回归或者用于推荐系统的数据集。

（4）谷歌的数据集搜索引擎（见图 3.12）

图 3.12 所示是一个可以按名称搜索数据集的工具箱。谷歌的目标是统一成千上万个不同的数据集。

（5）微软数据集

网址：https://msropendata.com。

2018 年 7 月，微软与外部研究社区共同宣布推出“微软研究开放数据”。

它在公共云中包含一个数据存储库，用于促进全球研究社区之间的协作。另外它还提供了一组在已发表的研究中使用的、经过整理的数据集。

（6）Awesome 公共数据集

这是一个按照主题分类的、由社区公开维护的一系列数据集清单，比如生物学、经济学、教育学等。这里列出的大多数数据集都是免费的，但是在使用任何数据集之前，需检查相应的许可要求。

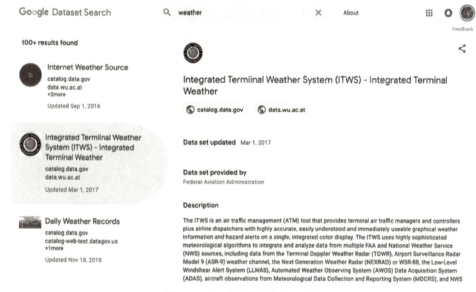

图 3.12 谷歌的数据集搜索引擎

（7）政府数据集

政府的相关数据集也很容易找到。许多国家为了提高知名度，向公众分享了各种数据集。例如，欧盟开放数据门户——欧洲政府数据集、新西兰政府数据集、印度政府数据集。

（8）计算机视觉数据集

网址：https://www.visualdata.io。

对于从事图像处理、计算机视觉或者深度学习的研究人员，该数据集是获取数据的重要来源之一。

该数据集包含一些可以用来构建计算机视觉（CV）模型的大型数据集。可以通过特定的 CV 主题查找特定的数据集，如语义分割、图像标题、图像生成，甚至可以通过解决方案查找特定的数据集，如自动驾驶汽车数据集。

3.2.2 数据预处理

数据预处理目标是保证数据质量，是机器学习过程中最耗时、最困难的一步。

1. 加载数据集

在 scikit-learn 中加载这些数据集，可以使用 sklearn.datasets 模块中的相关函数，例如：

```
from sklearn.datasets import load_iris
iris = load_iris()
```

load_iris()函数会返回一个 Bunch 对象，将数据转换为 DataFrame 以便查看。

```
iris_df = pd.DataFrame(iris.data, columns=iris.feature_names)
```

2. 数据归一化

归一化通常意味着将数据缩放到[0, 1]的范围内，或者使得所有数据的范围都在[0.1, 1]之间，可以使用 scikit-learn 中的 MinMaxScaler 来实现。

```
X = np.arange(30).reshape(5, 6)
scaler = MinMaxScaler()
X_normalized = scaler.fit_transform(X)
```

3. 数据标准化

标准化则是将数据缩放，使得它们的均值为 0、标准差为 1，可以通过 scikit-learn 中的 StandardScaler 来实现。

```
X = np.arange(30).reshape(5, 6)
scaler = StandardScaler()
X_standardized = scaler.fit_transform(X)
```

4. 缺失值处理

1）scikit-learn 库中处理缺失值的类是 SimpleImputer，这个类的相关参数见表 3.5。

表 3.5　SimpleImputer 类参数

参　数	含义&输入
missing_values	指定缺失值的表示形式，默认空值 np.nan
strategy	填补缺失值的策略，默认 "mean" 输入 "mean" 使用均值填补（仅对数值型特征可用） 输入 "median" 用中值填补（仅对数值型特征可用） 输入 "most_frequent" 用众数填补（对数值型和字符型特征都可用） 输入 "constant" 表示参考参数 "fill_value" 中的值（对数值型和字符型特征都可用）
fill_value	当参数 startegy 为 "constant" 的时候可用，可输入字符串或数字表示要填充的值
copy	默认为 True，表示创建特征矩阵的副本，反之则会将缺失值填补到原本的特征矩阵中

2）统计数据缺失值总数：

```
X.isnull().sum()
```

5. 特征工程

特征工程主要有三个任务（见图 3.13）。

特征提取 (Feature Extraction)	特征创造 (Feature Creation)	特征选择 (Feature Selection)
从文字、图像、声音等其他非结构化数据中提取新信息作为特征，比如，从淘宝宝贝的名称中提取出产品类别、产品颜色、是否是网红产品等	把现有特征进行组合，或互相计算，得到新的特征。比如，有一列特征是速度、一列特征是距离，就可以通过让两列相除创造新的特征，即通过距离所花的时间	从所有的特征中，选择出有意义、对模型有帮助的特征，以避免必须将所有特征都导入模型去训练的情况

图 3.13　特征工程主要任务

应用机器学习的前提是构建结构化训练数据。如果机器学习的对象是图像（见图 3.14），需要把图像转换为结构化训练数据，见表 3.6，这个转换过程称为特征工程。

图 3.14　鸢尾花数据

表 3.6　鸢尾花结构化训练数据

Sepal.Length	Sepal.Width	Petal.Length	Petal.Width	class
5.1	3.5	1.4	0.2	setosa
4.9	3	1.4	0.2	setosa
7	3.2	4.7	1.4	versicolor
6.4	3.2	4.5	1.5	versicolor
6.3	3.3	6	2.5	virginica
5.8	2.7	5.1	1.9	virginica
6.5	3	5.8	2.2	?
6.2	2.9	4.3	1.3	?

其中，每列的表头名 Sepal.Length 等是特征，最后一列 class 是输出的类别信息，每一行是一个样本，表 3.6 中的数值就是特征值。特征工程是机器学习的基础，好的特征允许用户选择不复杂的模型，同时运行速度更快，也更容易理解和维护。特征工程说起来容易，做起来很难，想要对实际问题进行模型分析，几乎大部分时间都花在了特征工程上。

3.2.3　数据集划分

1. 划分策略

表 3.6 的第 1～4 列称为训练数据，最后一列为测试数据。机器学习通过训练数据建立模型，通过模型预测测试数据的输出。

数据集划分有两种策略（见图 3.15）。

图 3.15　数据集划分策略

1）训练集。训练集是用于建模的，训练集中每个样本是有标签的（正确答案）。通常情况下，在训练集上模型执行得很好，并不能真的说明模型好，我们更希望模型对没有参与训练的数据有好的表现。

2）验证集。验证集样本也是有标签的，只不过没有参与训练。通过对验证集应用训练模型得到预测标签，将其和已有的标签进行比较来评估模型，如果评估结果不理想，可改变用于构建学习模型的参数，最终得到一个满意的训练模型。

3）测试集。测试集是没有标签的样本，如表 3.6 中最后两个样本。机器学习的目标是希望模型在测试集上有好的表现。测试集用于模型应用阶段。

一般来说，采用 70%、15%、15%的比例来划分数据集，但这不是必需的，要根据具体任务确定划分比例。

需要注意的是，用来训练的样本一定要代表实际的业务场景，这样机器学习产生的模型才能在实际业务中有良好的预测效果。如果在实际业务中遇到的预测样本和训练样本的特性相差甚远，那么模型很难有良好的预测效果。

2. 数据集划分

scikit-learn 库中提供了 train_test_split 函数来帮助完成这一任务。

```
from sklearn.model_selection import train_test_split
# 假设 X 是特征，y 是目标
X_train, X_test, y_train, y_test = train_test_split(X, y, test_size=0.2, random_state=42)
```

任务 3.3　选择算法训练模型

【任务描述】

在机器学习训练过程中，通常使用一个训练数据集来训练模型。训练数据通常由多条记录组成，每条记录包含输入数据（特征 x_k）和对应的输出数据（标签 y_k）。训练模型的目标是通过学习训练数据集中的模式和规律，对一个新的数据（测试数据集）进行准确预测（见图 3.16）。

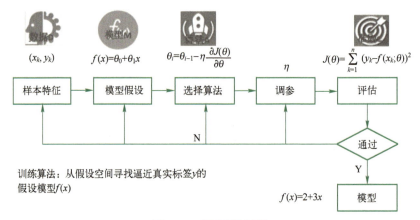

图 3.16　模型训练过程

训练算法的一般步骤如下：

1）初始化模型参数。首先，需要对模型的参数进行初始化。参数的初始化方式可以根据具体的模型和问题决定。

2）预测输出。对于每条训练数据，代入假设模型，得到输入数据的预测输出。

3）计算损失函数。将模型的预测输出与真实的输出进行比较，得到一个损失误差，用来衡量模型的预测值与真实值之间的差异。

4）参数更新。根据损失误差，更新假设模型参数。

5）重复步骤 2）～5），直到达到某个停止条件（如达到最大迭代次数或损失函数达到一定阈值）。

从图 3.16 看出，模型训练的核心步骤是利用梯度修正参数。

模型训练可以看作寻找最优参数的过程，参数主要包括模型参数（训练所得）和超参数（预先凭人工经验设置）。

【预备知识】

3.3.1 机器学习常用算法

1. 线性回归

回归模型可以理解为：存在一个点集，用一条曲线去拟合它分布的过程。如果拟合曲线是一条直线，则称为线性回归；如果是一条二次曲线，则被称为二次回归。线性回归是回归模型中最简单的一种。

在线性回归中，假设函数为 $Y' = wX + b + \varepsilon$，其中，$Y'$ 表示模型的预测结果（见图 3.17），用来和真实的 Y 区分。模型训练的目标就是学习参数：w、b。

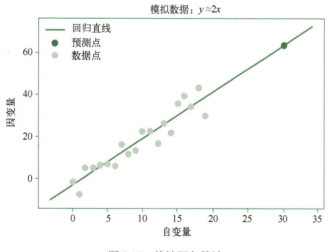

图 3.17　线性回归算法

```
from sklearn.linear_model import LinearRegression
model = LinearRegression()
```

2. 逻辑回归

逻辑回归是一种广泛应用于机器学习的分类算法。它将数据映射到一个数值范围内，然后将其分为一个有限的离散类别。逻辑回归与线性回归的主要区别在于它将输出映射到一个值域，这个值域通常是 0～1（见图 3.18）。

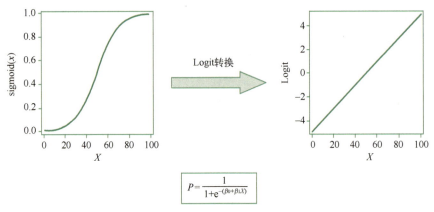

图 3.18 逻辑回归算法

```
from sklearn.linear_model import LogisticRegression
model = LogisticRegression()
```

3. 贝叶斯分类器

贝叶斯分类器是各种分类器中分类错误概率最小或者在预先给定代价的情况下平均风险最小的分类器。它是一种最基本的统计分类方法，其分类原理是通过某对象的先验概率，利用贝叶斯公式计算出其后验概率，即该对象属于某一类的概率，选择具有最大后验概率的类作为该对象所属的类。

设类别 ω 的取值来自于类集合$(\omega_1, \omega_2, \cdots, \omega_m)$，样本 $X = (X_1, X_2, \cdots, X_n)$ 表示用于分类的特征。对于贝叶斯分类器，若某一待分类的样本 D，其分类特征值为 $x = (x_1, x_2, \cdots, x_n)$，则样本 D 属于类别 ω_i 的概率 $P(\omega = \omega_i | X_1 = x_1, X_2 = x_2, \cdots, X_n = x_n)$，其中 $i = 1, 2, \cdots, m$，应满足下式：

$$P(\omega = \omega_i | X = x) = \max\{P(\omega = \omega_1 | X = x), P(\omega = \omega_2 | X = x), \cdots, P(\omega = \omega_m | X = x)\}$$

而由贝叶斯公式：

$$P(\omega = \omega_i | X = x) = P(X = x | \omega = \omega_i) P(\omega = \omega_i) / P(X = x)$$

其中，$P(\omega = \omega_i)$ 是可由领域专家的经验得到的先验概率，而 $P(X = x | \omega = \omega_i)$ 和 $P(X = x)$ 的计算则较困难。

贝叶斯分类算法原理见图 3.19。

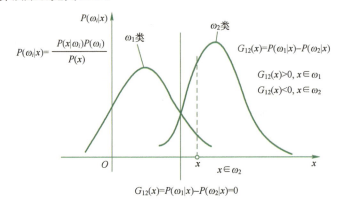

图 3.19 贝叶斯分类算法原理

```
from sklearn.naive_bayes import GaussianNB
clf = GaussianNB()
model = clf.fit(x_train, y_train)
```

4. 决策树

决策树是一种使用树结构进行决策分析的算法。它通过对属性取值划分数据集，直到划分后数据集有确定的标签，并将它们组合起来形成一棵树。决策树的每个分支形成一条规则，对新的数据使用规则进行预测（见图 3.20）。

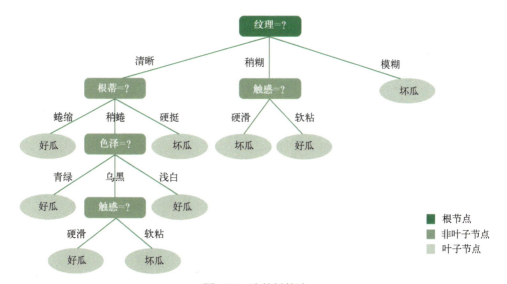

图 3.20　决策树算法

```
from sklearn import tree
model = tree.DecisionTreeClassifier()
```

5. 随机森林

随机森林是一种集成学习算法，它可以通过同时训练多个决策树来增强预测准确性。随机森林的主要思想是通过构建 N 个决策树，并将这些决策树的预测结果以投票的方式或求平均来确定最终预测结果（见图 3.21）。

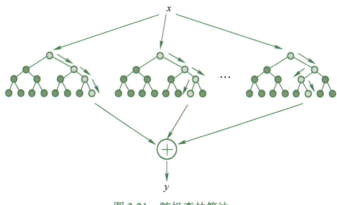

图 3.21　随机森林算法

6. K 近邻算法（KNN）

KNN 算法是一种基于实例的学习算法，它可用于对未知样本进行分类，并将其与最近邻居相关联（见图 3.22）。

```
from sklearn import neighbors
model = neighbors.KNeighborsClassifier(n_neighbors=5)
```

其中，n_neighbors 为邻居的数目。

7. Kmeans 聚类算法

Kmeans 算法是机器学习中一种常用的聚类方法，其基本思想和核心内容就是在算法开始时随机给定若干（K）个中心，按照最近距离原则将样本点分配到各个簇，之后按均值法计算簇的中心点位置，从而重新确定新的中心点位置。这样不断地迭代下去直至满足迭代停止条件为止。图 3.23 展示了 Kmeans 算法过程。

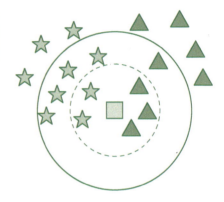

图 3.22　KNN 算法

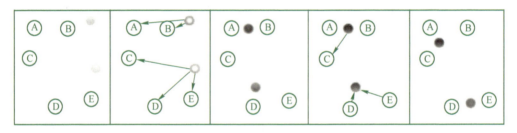

图 3.23　Kmeans 算法

```
from sklearn.cluster import KMeans
cluster = KMeans(n_clusters= 4 )
```

8. 支持向量机

支持向量机（Support Vector Machine，SVM）的基本思想可用图 3.24 来说明，目标是求最优分类面。图 3.24 中，实心点和空心点代表两类样本，H 为它们之间的分类超平面，H_1、H_2 分别为过各类离 H 最近的样本的分类面，且平行于 H 的超平面，它们之间的距离叫作分类间隔。

最优分类面要求分类面不但能将两类正确分开，而且使分类间隔最大。

```
from sklearn.svm import SVC
model = SVC()
```

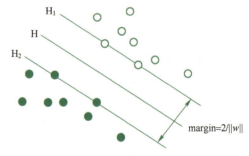

图 3.24　最优分类面示意图

3.3.2　损失函数设计

机器学习中的所有算法都依赖于函数的最小化或最大化，称之为"目标函数"。最小化的这组函数称为"损失函数"。损失函数是衡量预测模型预测结果表现的指标。

损失函数分为以下两类。

1. 回归损失函数

（1）均方误差，二次型损失，L2损失

均方误差（Mean Square Error, MSE）是最常用的回归损失函数。MSE是目标变量与预测值之间距离的平方和。

$$\text{MSE} = \frac{\sum_{i=1}^{n}(y_i - y_i^p)^2}{n}$$

MSE函数见图3.25，其中真实目标值为100，预测值为-10 000～10 000。MSE损失（y轴）在预测（x轴）为100时达到最小值。MSE的范围是0到∞。

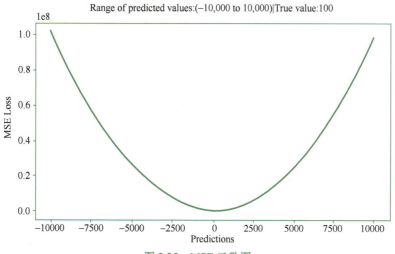

图3.25　MSE函数图

（2）平均绝对误差，L1损失

平均绝对误差（MAE）是回归模型中使用的另一个损失函数，见图3.26。MAE是目标变量和预测变量之间的绝对差值之和，所以它测量的是一组预测的平均误差大小，而不考虑它们的方向。如果也考虑方向，就叫作平均偏差误差（Mean Bias Error, MBE），它是残差/误差的和。MAE的范围也是0到∞。

$$\text{MAE} = \frac{\sum_{i=1}^{n}|y_i - y_i^p|}{n}$$

2. 分类损失函数

交叉熵损失函数：

$$L = -[y\log\hat{y} + (1-y)\log(1-\hat{y})]$$

$$\text{cost}(h_\theta(x), y) = \begin{cases} -\log(h_\theta(x)) & \text{如果} \quad y = 1 \\ -\log(1 - h_\theta(x)) & \text{如果} \quad y = 0 \end{cases}$$

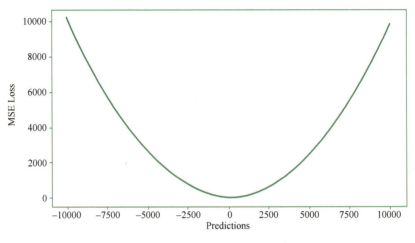

图 3.26　MAE 函数图

y 接近 1 和 0 时的误差见图 3.27～图 3.29，其中 $J(w)$ 为误差损失，$\phi(z)$ 为交叉熵损失。

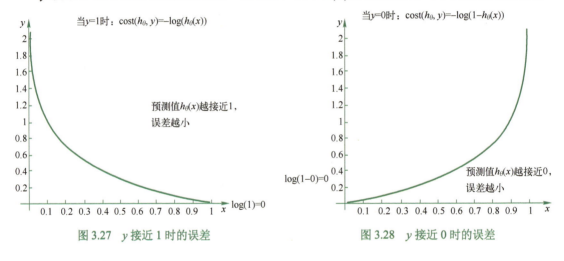

图 3.27　y 接近 1 时的误差　　　　　　　图 3.28　y 接近 0 时的误差

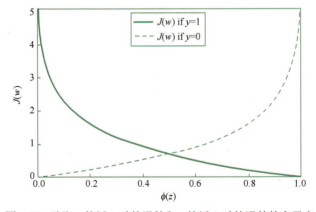

图 3.29　选取 y 接近 1 时的误差和 y 接近 0 时的误差的交叉点

3.3.3 参数优化

超参数指的是无法通过数学过程进行最优值求解，但能够很大程度上影响模型形式和建模结果的因素。例如线性回归中，自变量系数和截距项的取值是通过最小二乘法或者梯度下降算法求出的最优解，而是否代入截距项、是否对数据进行归一化等，同样会影响模型形态和建模结果，但这些因素却是"人工判断"然后做出决定的选项，它们就是所谓的超参数。

在 scikit-learn 中，对每个评估器进行超参数设置的时机就在评估器类实例化的过程中。可以查看 LinearRegression 评估器的相关说明，其中 Parameters 部分就是当前模型超参数的相关说明（见图 3.30）。

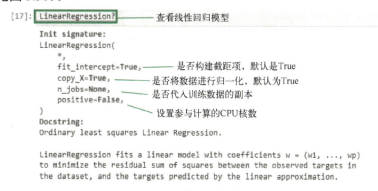

图 3.30 超参数

```
model = LinearRegression()    #调用线性回归模型
```

这里用默认的参数，可以创建一个不包含截距项的线性回归模型：

```
model1 = LinearRegression(fit_intercept=False)
model1.get_params()    #可以通过 get_params 来获取其建模所用的参数
```

在实例化模型的过程中必须谨慎地选择模型超参数，以达到最终模型训练的预期。不同的模型，有不同的超参数，这也是在后面学习建模过程中非常重要的一点。

【实施过程】

机器学习算法种类繁多，图 3.31 给出了算法选择策略。

任务 3.4 计算准确率和召回率

【任务描述】

在机器学习中，模型评估是一个重要的过程，用于确定模型是否能够有效地预测输入的数据。

本任务的目标是计算分类任务的准确率和召回率。准确率和召回率是评估分类模型性能的两个重要指标。准确率衡量的是模型正确分类的样本数占总样本数的比例，而召回率衡量的是模型正确识别出的正样本数占实际正样本数的比例。

为了完成这个任务，我们需要以下步骤。

1）准备数据集：数据集应包含样本的特征和对应的标签。标签可以是二分类或多分类的。

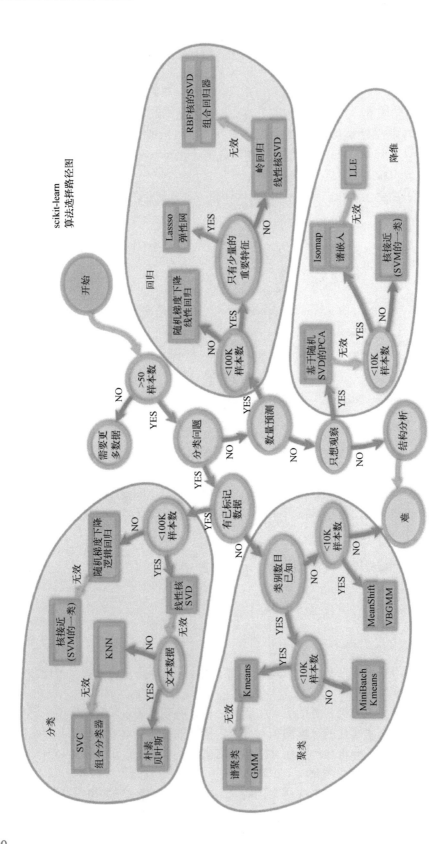

图 3.31 算法选择策略

2）训练分类模型：使用合适的算法和参数训练分类模型。

3）预测与评估：使用训练好的模型对测试集进行预测，并计算准确率和召回率。

准确率和召回率的计算公式如下：

$$准确率 = (真正例 + 真反例) / 总样本数$$

$$召回率 = 真正例 / 实际正样本数$$

$$精确率 = 真正例 / 预测正样本数$$

其中，真正例（True Positive，TP）表示模型正确预测为正样本的实例数；真反例（True Negative，TN）表示模型正确预测为负样本的实例数；总样本数表示测试集中样本的总数；实际正样本数表示测试集中真正为正样本的实例数。

由于精确率和召回率是矛盾的，因此一般计算调和平均（即 F1 分数）。

$$F_1 分数 = \frac{2 \times 精确率 \times 召回率}{精确率 + 召回率}$$

图 3.32 给出了分类任务评估方法。

混淆矩阵		真实值	
		正样本	负样本
预测值	正样本	TP	FP
	负样本	FN	TN

评估指标	公　式	意　义
准确率(ACC) Accuracy	$ACC = \frac{TP+TN}{TP+TN+FP+FN}$	模型正确分类样本数占总样本数比例（所有类别）
精确率(PPV) Positive Predictive Value	$PPV = \frac{TP}{TP+FP}$	模型预测的所有正样本中，预测正确的比例
灵敏度/召回率(TPR) True Positive Rate	$TPR = \frac{TP}{TP+FN}$	所有真实正样本中，正确预测为正样本的比例
特异度(TNR) True Negative Rate	$TNR = \frac{TN}{TN+FP}$	所有真实负样本中，正确预测为负样本的比例

图 3.32　分类任务评估方法

3.4.1　分类任务评估指标

分类任务评估指标除了准确率、精确率、召回率、F1 分数外，还有 ROC、AUC 等。

1. ROC 曲线

图 3.33 中，有 8 个测试样本，模型的预测值（按大小排序）和样本的真实标签见图 3.33b，绘制 ROC 曲线的整个过程如下。

1）令阈值等于第一个预测值 0.91，所有大于或等于 0.91 的预测值都被判定为阳性，此时 TPR=1/4，FPR=0/4，所以有了第一个点（0.0, 0.25）。

2）令阈值等于第二个预测值 0.85，所有大于或等于 0.85 的预测值都被判定为阳性，这种情况下第二个样本属于被错误预测为阳性的阴性样本，也就是 FP，所以 TPR=1/4，

FPR=1/4,所以有了第二个点(0.25,0.25)。

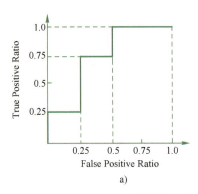

图 3.33 ROC 曲线

3)按照这种方法依次取第三、四、…个预测值作为阈值,就能依次得到 ROC 曲线上的坐标点(0.5,0.25)、(0.75,0.25)、…、(1.0,1.0)。

4)将各个点依次连接起来,就得到了图 3.33a 的 ROC 曲线,计算 ROC 曲线下方的面积为 0.75,即 AUC=0.75。

2. AUC

AUC(Area Under Curve)被定义为 ROC 曲线下与坐标轴围成的面积,显然这个面积的数值不会大于 1。又由于 ROC 曲线一般都处于 $y=x$ 这条直线的上方,所以 AUC 的取值范围为 0.5~1。AUC 越接近 1,检测方法真实性越高;等于 0.5 时,真实性最低,无应用价值。

3.4.2 回归任务评估指标

决定系数(R^2):R^2用于衡量模型对数据的拟合程度,其值越接近 1 表示模型的拟合程度越好。

平均绝对误差(MAE):MAE 是预测值与真实值之间差的绝对值的平均数,较小的 MAE 表示模型预测的准确性较高。

均方误差(MSE):MSE 是预测值与真实值之间差的平方的平均数,较小的 MSE 同样表明模型具有较高的预测精度。

【实施过程】

```
from sklearn.metrics import accuracy_score,precision_score,recall_score,f1_score,
roc_curve, auc
    # 定义真实标签和预测标签
    y_true = [0, 1, 1, 0, 1, 0]
    y_pred = [0, 1, 0, 0, 1, 1]
    # 计算准确率
    acc = accuracy_score(y_true, y_pred)
    print("Accuracy: {:.4f}".format(acc))
    # 计算精确率
    precision = precision_score(y_true, y_pred)
    print("Precision: {:.4f}".format(precision))
```

```
# 计算召回率
recall = recall_score(y_true, y_pred)
print("Recall: {:.4f}".format(recall))
# 计算 F1 分数
f1 = f1_score(y_true, y_pred)
print("F1.score: {:.4f}".format(f1))
# 计算 ROC 曲线和 AUC
fpr, tpr, thresholds = roc_curve(y_true, y_pred)
roc_auc = auc(fpr, tpr)
print("ROC curve: fpr = {}, tpr = {}, AUC = {:.4f}".format(fpr, tpr, roc_auc))
```

上述代码计算了一个二分类问题的准确率、精确率、召回率、F1 分数、ROC 曲线和 AUC。其他分类指标和回归指标的使用方法类似，只需调用相应的函数即可。

任务 3.5 未知样本输出预测

【任务描述】

本次任务的目标是利用已经训练好的机器学习模型，对未知的样本数据进行预测，并输出预测结果（模型应用）。预测是机器学习模型应用的重要环节，它能够帮助我们了解模型对于新数据的泛化能力，同时也是模型实际应用中的主要步骤。

任务实施包括以下几个步骤。

1）加载模型。首先，需要加载之前训练好的机器学习模型。这个模型应该是在相似的数据集上训练得到的，以保证其能够对新数据进行有效的预测。

2）数据预处理。对于未知样本数据，需要进行与训练数据相同的预处理步骤，包括但不限于特征缩放、编码分类变量、处理缺失值等。

3）进行预测。将预处理后的未知样本数据输入加载的模型中，进行预测。

4）输出预测结果。将模型的预测结果以易于理解的方式输出。根据任务需求，这可能是分类标签、概率值或其他相关指标。

5）评估与反馈（可选）。如果可能的话，收集实际结果并与预测结果进行对比，以评估模型的预测性能。这将有助于后续模型的优化和改进。

【预备知识】

3.5.1 泛化能力

泛化能力是用来描述模型对新样本的预测能力的，在日常生活中也称之为举一反三或学以致用的能力。机器学习的目的是学到隐藏在数据背后的规律，对具有同一规律、训练集以外的数据，模型也能给出合适的预测。这就是泛化能力的表现。

如果一个模型只在训练数据上能准确地分类，作用是很小的，因为这充其量是模型"记住"了输入和对应的输出，在新的场景中没有办法做出准确预测。我们总是希望机器学习模型能在新样本上有很好的表现。

强泛化能力需要回避过拟合和欠拟合（见图 3.34）。

欠拟合是指模型在训练集、验证集和测试集上均表现不佳的情况。

过拟合是指模型在训练集上表现很好,在验证集和测试集上的表现很差。

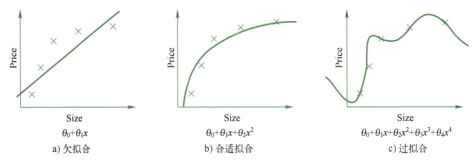

图 3.34 欠拟合、合适拟合和过拟合

一个好的模型必须真正把握数据的底层规律,即在泛化误差和训练误差进行折中(见图 3.35)。

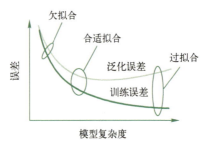

图 3.35 合适的模型准则

3.5.2 交叉验证

原本的训练集训练出来的结果,直接拿测试集去测试未免太浪费资源,而且可能精度不高,所以就有了交叉验证。这种方法是将原本的训练集划分为训练集与验证集,比如将原本的训练集划分为 5 份,前 4 份作为训练集,最后一份作为验证集,验证第一次,然后用第 1、2、3、5 份作为训练集,第 4 份作为验证集,再验证一次,重复交叉验证,最后求得一个均值则为训练结果,此时再用测试集进行测试,效果会好很多(见图 3.36)。

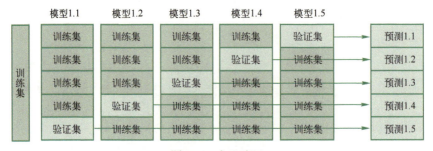

图 3.36 交叉验证

【实施过程】

可以使用 predict() 函数在 scikit-learn 中用最终的分类模型来预测新数据实例。

```python
import pickle
import pandas as pd
from sklearn.preprocessing import StandardScaler
# 1. 加载模型
# 假设我们之前已经将训练好的模型和预处理步骤保存了下来
with open('trained_model.pkl', 'rb') as f:
    model = pickle.load(f)
# 加载预处理步骤中使用的 scaler（如果有的话）
with open('scaler.pkl', 'rb') as f:
    scaler = pickle.load(f)
# 2. 数据预处理
# 假设有一个 CSV 文件包含未知样本数据
unknown_samples = pd.read_csv('unknown_samples.csv')
# 假设需要对特征进行标准化处理
X_unknown = scaler.transform(unknown_samples.drop('target', axis=1))
# 假设'target'列不是特征
# 3. 进行预测
predictions = model.predict(X_unknown)
# 4. 输出预测结果
print("预测结果:", predictions)
# 5. 评估与反馈（如果实际结果可用）
# 这部分将依赖于实际结果的收集方式，可能包括混淆矩阵、准确率、召回率等指标的计算
```

项目 4
让模型结构更"接近人脑"——深度学习

深度学习带来了机器学习的新浪潮,推动"大数据+深度模型"时代的来临,以及人工智能和人机交互大踏步前进。如果我们能在理论、建模和工程方面突破深度学习面临的一系列难题,真正实现人工智能的梦想不再遥远。

通过学习本项目,熟悉深度学习平台 PaddlePaddle,使读者能在平台上解决计算机视觉、自然语言处理的实际应用问题。

从图 4.1 看出,深度学习是一种特殊的神经网络,神经网络是机器学习的一种方式,机器学习是实现人工智能的一种途径。

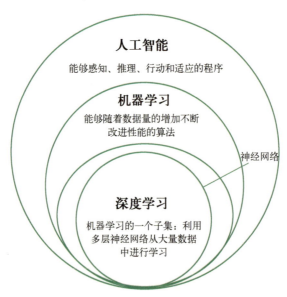

图 4.1 机器学习和深度学习的关系

神经网络是由若干神经元构成的层次结构。神经网络模拟人脑学习过程,理论上已经证明,当数据足够多,层次足够深,神经网络可以逼近任何复杂函数。问题是当数据多了,层次深了，机器学习无法胜任，那深度学习是如何解决的？本章将回答这个问题。

任务 4.1　熟悉神经网络模拟器 PlayGround

【任务描述】

PlayGround 是一个在线演示、实验的神经网络平台，是一个入门神经网络非常直观的网站。这个图形化平台非常强大，将神经网络的训练过程直接可视化。

【预备知识】

4.1.1　神经元模型

1. 神经元生物模型

神经元是大脑中最基本的单位，是能够传递电信号的细胞。为了更好地理解神经元，我们需要研究神经元的组成。一个神经元由三个主要部分组成：树突、细胞体和轴突（见图 4.2）。

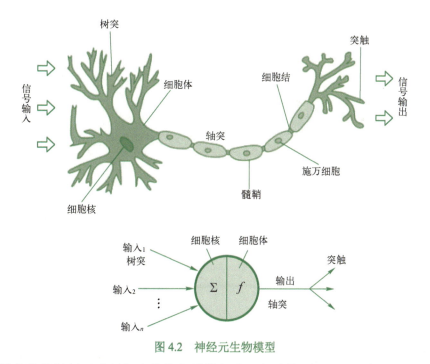

图 4.2　神经元生物模型

树突是从其他神经元或组织中接收信号的部分；细胞核+细胞体是神经元的中心，在这里对电信号进行处理和整合；轴突是链式传递信号的"输送管道"；突触是输出信号。

2. 神经元数学模型

生物学家一直在努力发展神经元模型来更好地了解神经元的功能，至今已经开发出许多种模型。1943 年，心理学家 Warren McCulloch 和数理逻辑学家 Walter Pitts 首次提出了神经元的数学模型（见图 4.3），从而开创了研究人工神经网络的时代。

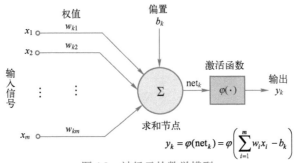

图 4.3 神经元的数学模型

输入信号 $x_1, x_2, \cdots x_m$：树突；

偏置 b_k：轴突；

求和节点：细胞核 net_k；

激活函数：细胞体 $\varphi(\text{net}_k)$；

输出 y_k：突触。

激活函数 φ 是用来加入非线性因素的，解决线性模型所不能解决的问题。常用激活函数见图 4.4。

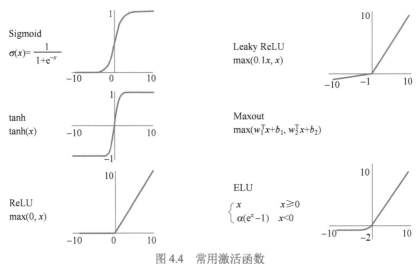

图 4.4 常用激活函数

权重 w_i 的大小表明了输入 x 对输出的贡献程度；偏置 b_k 的作用则是调整激活函数的输入。一个神经网络的训练算法就是调整权值到最佳，以使得整个网络的预测效果最好。

4.1.2 全连接神经网络

1．神经网络概念

一个神经网络是由若干神经元构成的层次结构，分为输入层、输出层和隐藏层。如果隐藏层多于 5 层则称为深层神经网络。图 4.5 是一个神经网络示意图。

一般来说，全连接神经网络中，同层、跨层神经元不连接，不同层神经元全连接，即后一层每个神经元都与前一层每个神经元相连。每个连接就是网络的一个参数，全连接神经网络的参数个数是不同层神经元数相乘，当网络层次很深时，参数量剧增。

项目 4　让模型结构更"接近人脑"——深度学习

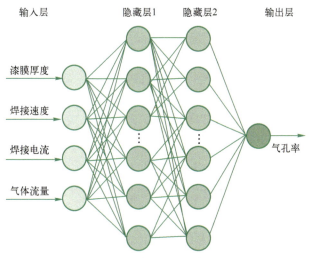

图 4.5　神经网络示意图

2. 神经网络学习过程

神经网络学习过程就是权重调整过程。下面以图 4.6 为例演示神经网络学习过程。

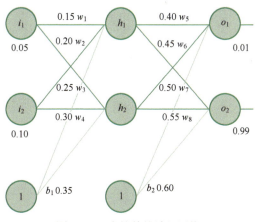

图 4.6　一个简单的神经网络

（1）前向计算

第一层的输入数据是 (0.05，0.10)。

第一层第一个神经元 h_1 的输出是

$$\text{net}_{h1} = w_1 \times x_1 + w_2 \times x_2 + b_1 \times 1$$
$$= 0.15 \times 0.05 + 0.2 \times 0.1 + 0.35 \times 1 = 0.3775$$

同理，计算 h_2 的输出：

$$\text{net}_{h2} = 0.3925$$

给第一层加上一个激活函数（Sigmoid），h_1、h_2 的输出就变成

$$\text{out}_{h1} = \frac{1}{1 + e^{-0.3775}} = 0.593269992，\quad \text{out}_{h2} = 0.596884378$$

此时，输入第二层的数据是 (0.59327，0.59688)。

第二层第一个神经元 o_1 的输出是

109

$$\text{out}_{o1} = w_5 \times \text{out}_{h1} + w_6 \times \text{out}_{h2} + b_2 \times 1$$

同理，可以计算第二层第二个神经元 o_2 的输出。

给第二层加上激活函数（Sigmoid）：

此时，$(\text{net}_{o1}, \text{net}_{o2})$ —>Sigmoid—> (o_1, o_2) =（0.75136507, 0.772928465）。

（2）反向调整

得到经过初始化之后的神经网络的输出（0.75136507, 0.772928465），但是，我们期待的输出是类目2，即期待输出为（0.01, 0.99）。此时，我们就要计算误差，并更新神经网络。

o_1 输出端的误差：

$$E_{o1} = \frac{1}{2}(\text{target}_{o1} - \text{out}_{o1})^2 = \frac{1}{2}(0.01 - 0.75136507)^2 = 0.274811083$$

同理计算出 o_2 输出端的误差：

$$E_{o2} = 0.023560026$$

从而，得出总误差：

$$E_{\text{total}} = E_{o1} + E_{o2} = 0.274811083 + 0.023560026 = 0.2983711$$

有了总误差之后，对前面的权重数据改变多少，可以相应纠正这个误差，得到正确输出呢？

在这里就可以求得权重对结果的影响大小，即对权重求偏导：

以对 w_5 求偏导举例，即

$$\frac{\partial E_{\text{total}}}{\partial w_5} = \frac{\partial E_{\text{total}}}{\partial \text{out}_{o1}} \frac{\partial \text{out}_{o1}}{\partial \text{net}_{o1}} \frac{\partial \text{net}_{o1}}{\partial w_5}$$

$$\frac{\partial E_{\text{total}}}{\partial \text{out}_{o1}} = 2 \times \frac{1}{2}(\text{target}_{o1} - \text{out}_{o1})^{2-1} \times (-1) + 0 = 0.74136507$$

$$\frac{\partial \text{out}_{o1}}{\partial \text{net}_{o1}} = \text{out}_{o1}(1 - \text{out}_{o1}) = 0.186815602$$

$$\frac{\partial \text{net}_{o1}}{\partial w_5} = 1 \times \text{out}_{h1} \times w_5^{(1-1)} + 0 + 0 = 0.593269992$$

我们已经知道 w_5 对最后误差的影响，从而可以往正确方向修正 w_5 得到正确输出。此时会用到学习率 η，学习率代表了在这个方向上的步子。

此时，能得到修正后的 w_5：

$$w_5^+ = w_5 - \eta \frac{\partial E_{\text{total}}}{\partial w_5} = 0.4 - 0.5 \times 0.082167041 = 0.35891648$$

至此，w_5 得到更新。

至于 w_1、w_2、w_3、w_4、w_6、w_7、w_8 的更新，可以用同样的方法求得。

（3）迭代

所有权重更新完后，就可以重新学习。得到新误差后，再次对权重求导，更新神经网络，逐渐迭代，直至神经网络得到想要的输出，至此整个神经网络训练完成。

3. 机器学习与深度学习的比较

机器学习与深度学习的比较见图4.7。

1）特征工程：根据问题目标对训练数据进行适当的变换、清洗，得到高质量的特征数据（颜色、形状、纹理等）。特征工程基本上是人工完成，是机器学习最困难的一步。

2）分类器：训练后得到的模型（网络结构）。

3）深度学习的优势就是将特征工程和分类器训练合为一步，建模的效率明显提升。

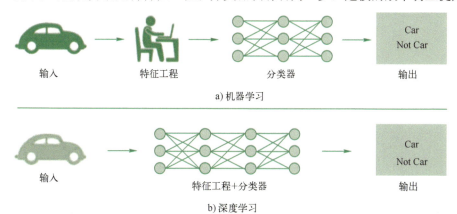

图 4.7 机器学习与深度学习的比较

4. 隐藏层数对网络性能的影响

理论上已经证明深度神经网络可以逼近任何复杂函数。图 4.8 分别显示了隐藏层为 0 层、3 层、20 层的分类模型，隐藏层数越多，模型越复杂，越接近真实分类边界。

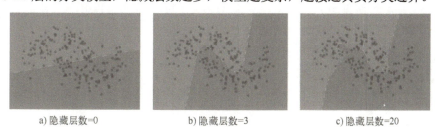

图 4.8 隐藏层数对网络性能的影响

4.1.3 基于神经网络的机器学习

1. 目标

神经网络的学习目标见图 4.9。

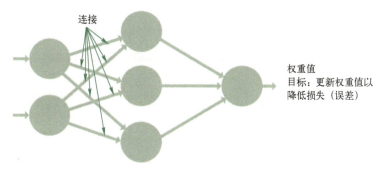

图 4.9 神经网络的学习目标

2. 原理

神经网络的学习原理见图 4.10。

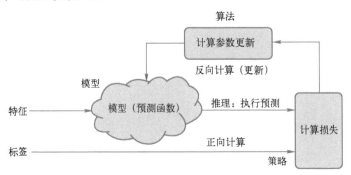

图 4.10　神经网络的学习原理

1）模型：可以是数学模型，也可以是满足数据集的隐含规律（网络结构）。
2）策略：设计的"损失函数"，用于评估模型的优劣。
3）算法：模型的实现（参数调整策略）。

【实施过程】

PlayGround 的网址是：http://playground.tensorflow.org/。

PlayGround 主页面见图 4.11，主要分为 DATA（数据）、FEATURES（特征）、HIDDEN LAYERS（隐藏层）、OUTPUT（输出层）。

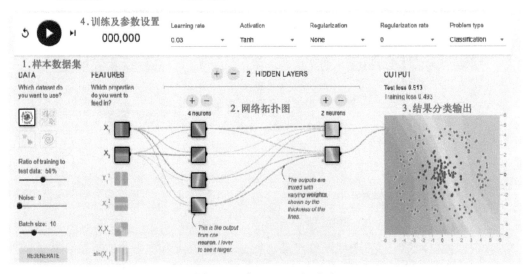

图 4.11　PlayGround 主页面

DATA 一栏里提供了 4 种不同形态的数据（见图 4.12），分别是圆形、异或、高斯和螺旋。图 4.12 中，数据分为深灰色和浅灰色两类。

我们的目标就是通过神经网络将这两种数据分类，可以看出螺旋形态的数据分类是难度最高的。除此之外，PlayGround 还提供了非常灵活的数据配置，可以调节噪声、训练数据和测试数据的比例和 Batch size，Batch size 就是每批进入神经网络进行训练的样本数。

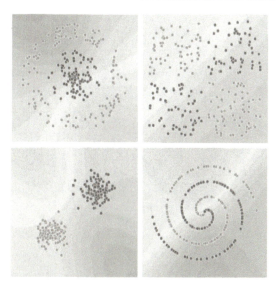

图 4.12　4 种数据形态

FEATURES 一栏包含了可供选择的 7 种特征：X_1、X_2、X_1^2、X_2^2、X_1X_2、$sin(X_1)$、$sin(X_2)$，见图 4.13。

X_1 可以看成以横坐标分布的数据特征，X_2 是以纵坐标分布的数据特征，X_1^2 和 X_2^2 是非负的抛物线分布，X_1X_2 是双曲抛物面分布，$sin(X_1)$ 和 $sin(X_2)$ 是正弦分布。我们的目标就是通过这些特征的分布组合将两类数据（深灰色和浅灰色）区分开，这就是训练的目的。

HIDDEN LAYERS 一栏可设置隐藏层的层数（见图 4.14）。一般来讲，隐藏层越多，衍生出的特征类型也就越丰富，对于分类的效果也会越好，但不是越多越好，层数多了训练的速度会变慢，同时收敛的效果不一定会更好。

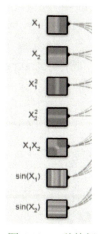

图 4.13　7 种特征

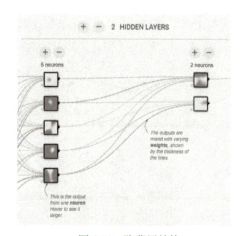

图 4.14　隐藏层结构

因为这是一个分类的问题，将隐藏层设置为两层，刚好对应输出的类型。层与层之间的连线粗细表示权重的绝对值大小，可以把鼠标放在线上查看权值，也可以单击修改。

OUTPUT 一栏将输出的训练过程直接可视化，通过测试误差（Test loss）和训练误差（Training loss）来评估模型（见图 4.15）。

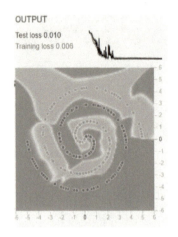

图 4.15　输出模型

除了上述主要的 4 个部分外,在界面上还有一列控制神经网络的参数,从左到右分别是训练的开关、迭代次数、学习速率、激活函数、正则化、正则化率和问题的类型。

接下来尝试几个例子,为了节省篇幅这里直接介绍结论,读者可以自行查阅相关内容。

首先考虑的是激活函数的影响,比较一下 Sigmoid 函数和 ReLU 函数。

1) 选择 Sigmoid 函数作为激活函数,明显能感觉到训练的时间很长,ReLU 函数能大幅加快收敛速度,这也是现在大多数神经网络采用的激活函数。

2) 当把隐藏层数加深后,会发现 Sigmoid 函数作为激活函数时,训练过程中的损失降不下来,这是因为 Sigmoid 函数反向传播时出现梯度消失的问题(在 Sigmoid 接近饱和区时,变换太缓慢,导数趋于 0,这种情况会造成信息丢失)。

接着选用 ReLU 函数作为激活函数,比较一下隐藏层数量对结果的影响。

这里选用了 3 层隐藏层,每层特征个数为 8、8、2 的模型,和 6 层隐藏层,每层特征个数为 8、8、8、8、8、2 的模型。3 层隐藏层模型大概 200 步就达到了 Test loss 为 0.005,Training loss 为 0.005,而 6 层隐藏层模型需要 700 步,Test loss 为 0.015,Training loss 为 0.005,出现过拟合,见图 4.16 和图 4.17。

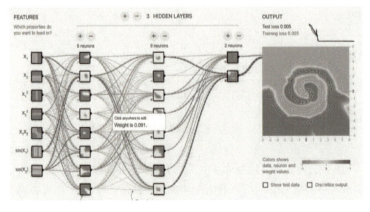

图 4.16　模型 1

项目 4　让模型结构更"接近人脑"——深度学习

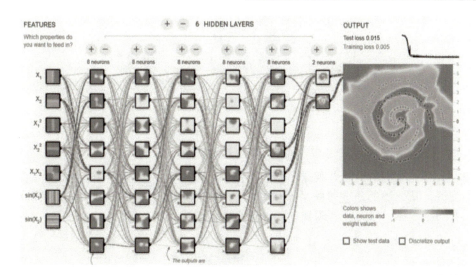

图 4.17　模型 2

隐藏层的数量不是越多越好，层数和特征的个数太多，会造成优化的难度和出现过拟合。

通过神经网络系统能够自动学习到有效特征并进行判断。

任务 4.2　利用卷积神经网络检测黑白边界

【任务描述】

检测图像的黑白边界（见图 4.18）。

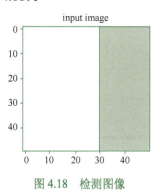

图 4.18　检测图像

【预备知识】

4.2.1　卷积神经网络适合图像处理

比如，要识别一幅图像中是否有狗，因为图像被存储为灰度矩阵，问题变成如何从灰度矩阵中找到狗，卷积神经网络（Convolutional Neural Networks，CNN）的做法是过滤掉与狗无关的像素（见图 4.19）。

115

图 4.19　过滤无关背景信息

如何有效过滤非主体信息？就是不断模糊图像，最后识别出图像中的主体。过滤掉与主体无关的像素，从人类的角度看就是不断模糊化（见图 4.20），从计算机角度看就是不断地进行卷积和池化操作。所以，卷积神经网络适合图像处理。

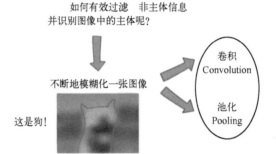

图 4.20　图像模糊化

4.2.2　卷积操作

卷积的主要功能是在一个图像（或特征图）上滑动一个卷积核，通过卷积操作得到一组新的特征图（见图 4.21）。

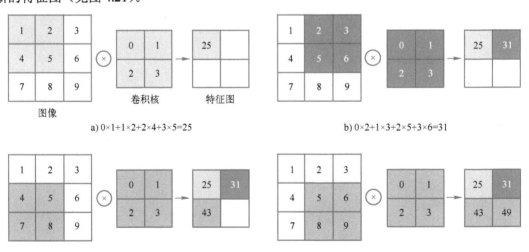

图 4.21　卷积操作

图 4.21 中，图像大小为 3×3，卷积核大小为 2×2，当卷积核滑动到左上角时，图像和卷积核对应元素相乘再相加，即 0×1+1×2+2×4+3×5=25，得到特征图的左上角的值为 25，特征

图的其他值可以同理获得。

可以发现,使用卷积操作有以下三个特性。

1)在卷积层(假设是第 l 层)中的每一个神经元都只和前一层(第 l-1 层)中某个局部窗口内的神经元相连,构成一个局部连接网络,这也是卷积神经网络的局部感知特性。

2)由于卷积的主要功能是在一个图像(或特征图)上滑动一个卷积核,这一特性称为卷积神经网络的权重共享特性。

3)卷积运算的主要作用是抽取特征,不同的卷积核能够提取不同的特征,将不同的卷积核作用于同一幅图像能够提取不同的特征,见图 4.22。

图 4.22 多卷积核操作

4.2.3 池化操作

池化的原理,就是放缩不变性(见图 4.23)。池化操作也称为下采样(Subsampling),其作用是过滤冗余特征,减少训练参数。

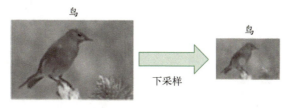

图 4.23 放缩不变性

池化操作就是区域移动划分过程,区域不可以相交,运算比较简单,如取局部区域最大值或平均值等,相应的池化称为最大池化(Max-pooling)或平均池化(Mean-pooling),见图 4.24。

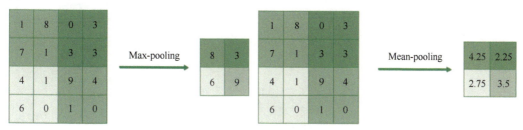

图 4.24 池化操作

4.2.4 卷积神经网络

卷积神经网络就是卷积层与池化层交替进行若干次，然后把特征图转换成向量，最后接入全连接神经网络，再接入 softmax 层（见图 4.25），神经网络的输出个数等于类别数（概率值）。softmax 层实际是归一化操作，把最大概率对应的值作为分类结果。

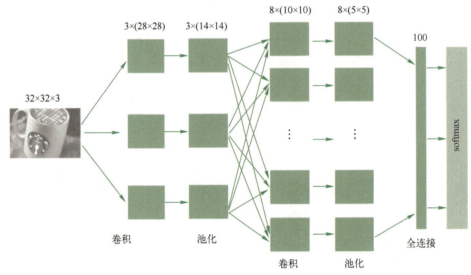

图 4.25 卷积神经网络

【实施过程】

假设 1 为白色，0 为黑色，使用卷积核为（1，0，1），当卷积核完全落入白色区域，卷积结果为 0；当卷积核完全落入黑色区域，卷积结果也为 0；只有当卷积核一部分落入白色区域，一部分落入黑色区域，卷积结果为 1（见图 4.26）。

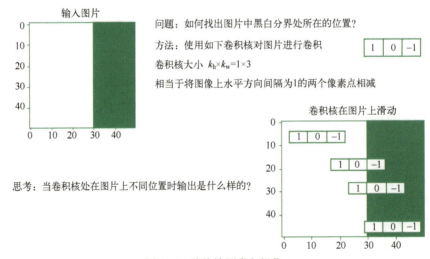

图 4.26 边缘检测卷积操作 1

最终特征图为两个像素的白色竖线，即检测到的边界。

把这种方法用于扫描图 4.27a，可以检测水平或垂直的竖线，见图 4.27b。

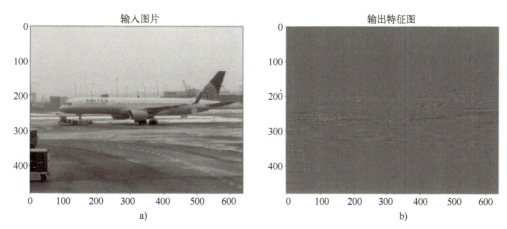

图 4.27　边缘检测卷积操作 2

更多案例参考：https://poloclub.github.io/cnn-explainer/。

【知识拓展】

4.2.5　循环神经网络

1. CNN 的不足

CNN 已经有了广泛的应用场景，为什么还需要循环神经网络？举两个例子：

我昨天上学迟到了，老师批评了 _____。

我喜欢旅游，其中最喜欢的地方是云南，以后有机会一定要去____。

人们希望计算机像人一样拥有记忆的能力，根据上下文的内容推断出横线部分的内容。

为什么 CNN 没有记忆功能？因为 CNN 有两个前提假设（见图 4.28）。

1）元素之间是相互独立的。

2）输入与输出也是独立的。

图 4.28　CNN 前提假设

2. RNN 结构

通过记忆之前的输入内容，将上下文彼此连接，这种方式称为循环神经网络（Recurrent Neural Network，RNN），见图 4.29。

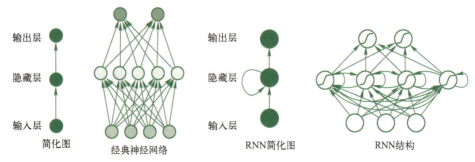

图 4.29　RNN 与经典神经网络比较

RNN 在前馈神经网络的基础上，添加一个可以传递先前信息的循环，以便能够使用以前的信息。

RNN 一般以序列数据为输入，通过网络内部结构设计有效捕捉序列之前的关系特征，一般也是以序列形式进行输出。

RNN 的基本结构就是将网络的输出保存在一个记忆单元中，这个记忆单元和下一次的输入一起进入神经网络中。输入序列的顺序改变，会改变网络的输出结果（见图 4.30）。

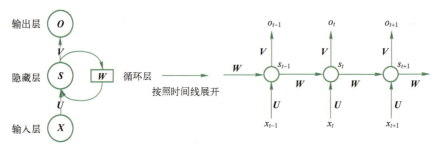

图 4.30　RNN 结构

RNN 的循环机制使模型隐藏层上一时间步产生的结果，能够作为下一时间步输入的一部分（当下时间步的输入除了正常的输入外，还包括上一步的隐藏层输出）对当下时间步的输出产生影响。

我们现在来理解图 4.30。

1）如果把上面有 W 的带箭头的圈去掉，它就变成了最普通的全连接神经网络。

2）X 是一个向量，它表示输入层的值（这里没有画出表示神经元节点的圆圈）。

3）S 是一个向量，它表示隐藏层的值（这里隐藏层只画了一个节点，也可以想象这一层其实是多个节点，节点数与向量 S 的维度相同）。

4）U 是输入层到隐藏层的权重矩阵。

5）O 也是一个向量，它表示输出层的值。

6）V 是隐藏层到输出层的权重矩阵。

隐藏层的值 S 不仅取决于当前这次的输入 X，还取决于上一次隐藏层的值 S。

权重矩阵 W 就是隐藏层上一次的值作为这一次输入的权重。

从图 4.31 中能够很清楚地看到，上一时刻的隐藏层是如何影响当前时刻的隐藏层的。

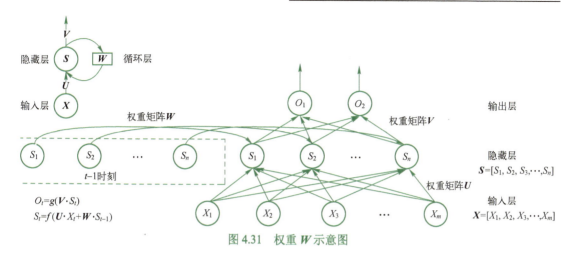

图 4.31 权重 W 示意图

4.2.6 长短时记忆网络

1. RNN 不足

由于梯度消失，RNN 无法在较早的时间步上学习，会导致网络只具有短期记忆。

梯度是用于调整网络内部权重的值，以便网络学习。梯度越大，调整越大，反之亦然。

在进行反向传播时，层中的每个节点都会根据梯度效果计算它在其前面层中的渐变。因此，如果在它之前对层的调整很小，那么对当前层的调整将更小，这会导致梯度在向后传播时呈指数级收缩。由于梯度极小，内部权重几乎没有调整，因此较早的层无法进行任何学习。这就是梯度消失问题。

2. LSTM 单元结构

长短时记忆（Long-ShortTerm Memory，LSTM）网络是一种解决 RNN 长期依赖的方法，LSTM 的基本单元结构见图 4.32。

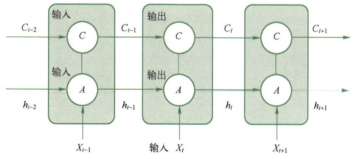

图 4.32 LSTM 单元结构

RNN 的隐藏层只有一个状态，即 A，它对于短期的输入非常敏感。LSTM 增加一个状态，即 C，让它来保存长期的状态。

关键问题是怎样控制长期状态 C？方法是使用三个控制门（见图 4.33）。

（1）遗忘门

遗忘门能决定应丢弃或保留哪些信息。来自先前隐藏状态的信息和当前输入的信息同时输入 Sigmoid 函数，输出值处于 0 和 1 之间，越接近 0 意味着越应该忘记，越接近 1 意味着越应该保留。

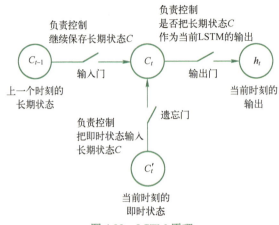

图 4.33　LSTM 原理

（2）输入门

输入门将隐藏状态和当前输入传递给 tanh 函数，使值变为-1 到 1 之间的值，以帮助调节神经网络。隐藏状态和当前输入传递给一个 Sigmoid 函数，来决定将更新哪些值。0 表示不重要，1 表示重要。然后将 tanh 输出与 Sigmoid 输出相乘，Sigmoid 输出将决定保留 tanh 输出的重要信息。

（3）输出门

输出门决定下一个隐藏状态。隐藏状态包含先前输入的信息。隐藏状态也用于预测。先将前面的隐藏状态和当前输入传递给一个 Sigmoid 函数。然后将新修改的单元状态传递给 tanh 函数。最后将 tanh 输出与 Sigmoid 输出相乘，以确定隐藏状态应该包含的信息。新的单元状态和新的隐藏状态随后被转移到下一步。

4.2.7　对抗神经网络

1. GAN 逻辑结构

GAN（Generative Adversarial Network，GAN）的主要灵感来源于博弈论中零和博弈的思想，应用到深度学习神经网络上来说，就是通过生成（Generator）网络 G 和判别（Discriminator）网络 D 不断博弈，进而使 G 学习到数据的分布（见图 4.34）。如果用到图像生成上，则训练完成后，G 可以从一段随机数中生成逼真的图像。

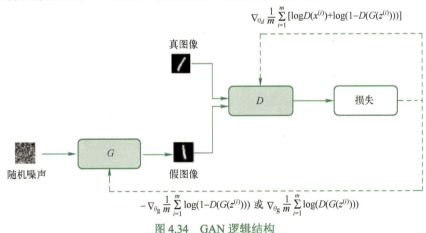

图 4.34　GAN 逻辑结构

1) GAN 中的 G 和 D 分别有什么作用？

G 是一个生成网络，它接收一个随机的噪声 z（随机数），通过这个噪声生成图像。

D 是一个判别网络，判别一幅图像是否是"真实的"。它的输入参数是 x，x 代表一幅图像，输出 D(x) 代表 x 为真实图像的概率，如果为 1，就代表 100%是真实。

2) GAN 的特点是什么？

① 相比较传统的模型，它存在两个不同的网络，而不是单一的网络，并且采用的是对抗训练方式。

② GAN 中 G 的梯度更新信息来自 D，而不是来自数据样本。

2. GAN 应用

你很难相信图 4.35 中这些人的照片不是真实的人的照片。这是 NVIDIA 的研究人员利用 GAN 生成的人像照片。GAN 基于学习真实的照片，然后根据原始图像反复评估并生成新的图像，甚至可以生成任何你想要的图像。或许在不久的将来，从基于 GAN 的图像到人工智能的配音，完全可以创造一个虚拟的世界与我们互动。

图 4.35 GAN 生成的图像

除此之外，GAN 也可以做很多事情，例如，将一匹普通马处理成斑马、夏天处理成冬天（见图 4.36）。

图 4.36 GAN 图像处理

GANPaint 对抗神经网络画笔：基于 GAN 的智能画笔，可以在天空上画一朵云，或者将一张照片中的草地去掉，或者将一栋建筑物的门去掉，或者在照片的广场中种几棵树，这一切都只需要画一笔就可以完成（见图 4.37）。

图 4.37　GAN 画笔

Deepfakes 视频换脸技术：Deepfakes 是一项基于 GAN 的深度学习技术，它可以把你的脸合成到视频中另一个人的身体上。输入你的全身照片，它可以把你的形象合成到一个正在打网球的人视频中，那么这个视频输出的就是你正在打网球。

任务 4.3　利用深度学习框架 PaddlePaddle 识别车牌

【任务描述】

车牌识别即识别车牌上的文字信息，属于光学字符识别（OCR）的一项子任务。

车牌识别技术目前已广泛应用于例如停车场、收费站等交通设施中，提供高效便捷的车辆认证的服务。OCR 一般分为两个步骤。

1）检测图片中的文本位置。

2）识别其中的文本信息。

车牌识别的一般流程见图 4.38。

图 4.38　车牌识别的一般流程

【预备知识】

4.3.1 深度学习产生的背景

1. 全连接神经网络处理图像弊端

1）全连接神经网络学习参数太多。考虑一个输入为 1000×1000 像素的图片（100 万像素，现在已经不能算大图），输入层有 1000×1000=100 万节点。假设第一个隐藏层有 100 个节点（这个数量并不多），那么仅这一层就有(1000×1000+1)×100 =1 亿参数，这实在是太多了！我们看到图像只扩大一点，参数数量就会指数型增长。

2）全连接神经网络没有利用像素之间的位置信息。对于图像识别任务来说，每个像素和其周围像素的联系是比较紧密的。由于计算机把图像映射为灰度矩阵，矩阵的存储是行优先的向量，这样 28×28 矩阵中相邻的两个像素 A、B 被存储为相隔 28 个像素的向量，破坏了像素之间的位置信息（见图 4.39）。

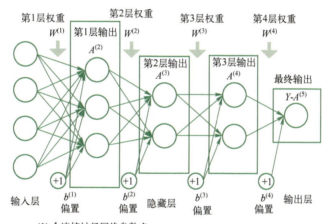

(1) 全连接神经网络参数多

(2) 图像是二维的，转换成一维，破坏了空间关系

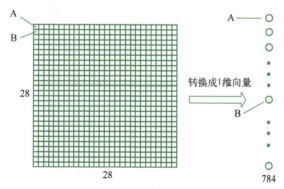

图 4.39 全连接神经网络处理图像

2. 受大脑信息处理模式启发

研究发现，人脑有 1000 亿个神经元相互构成复杂的连接，并形成各种功能区域。人类大脑在接收到外部信号时，不是直接对数据进行处理，信息处理是分级的，从低级的 V1 区提取边缘特征，到 V2 区的形状，再到更高层。这种层次结构使视觉系统需要处理的数据量

大幅减少，并保留了物体有用的结构信息，见图 4.40。

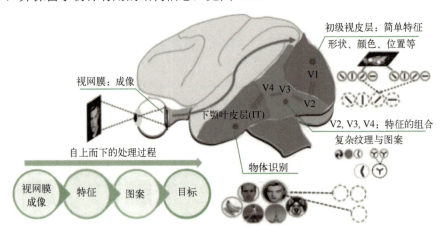

图 4.40　大脑接受信息过程

3. 划时代的三篇论文

2006 年，Hinton、LeCun、Bengio（见图 4.41）发表了三篇划时代的论文，在这三篇论文中以下主要原理被发现。

1）多层人工神经网络模型有很强的特征学习能力，深度学习模型学习得到的特征数据对原数据有更本质的代表性，这将极大便于分类和可视化问题。

2）对于深度神经网络很难训练达到最优的问题，可以采用逐层训练方法解决。将上层训练好的结果作为下层训练过程中的初始化参数。

3）深度模型的训练过程中逐层初始化采用无监督学习方式。

图 4.41　深度学习有影响的人物

4.3.2　深度学习基本原理

卷积神经网络具有两个特性：局部感知、权值共享。这些特性使得卷积神经网络具有一定程度上的平移、缩放和旋转不变性。和前馈神经网络相比，卷积神经网络的参数更少。卷积神经网络主要应用在图像和视频分析的任务上，其准确率一般远远超出了其他的神经网络模型。所以，卷积神经网络是深度学习基本模型。

深度学习通过组合低层特征形成更加抽象的高层表示（属性类别或特征），以发现数据的分布式特征表示。如第一层学习低级特征，例如颜色和边缘。第二层学习高级特征，如角点。第三层学习小块或纹理特征，见图4.42。

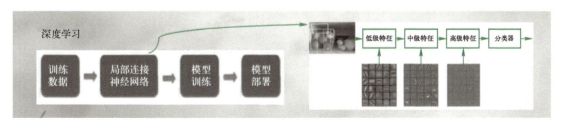

图 4.42 深度学习过程

图 4.43a 是传统全连接神经网络。图 4.43b 是局部连接神经网络，即后一层每个神经元都与前一层部分神经元相连，大幅降低了网络参数量。所以，深度学习网络是一个局部连接的深度神经网络，不仅如此，后一层不同神经元的局部连接权值是共享的，这样网络参数等于卷积核神经元数乘以卷积核的个数。

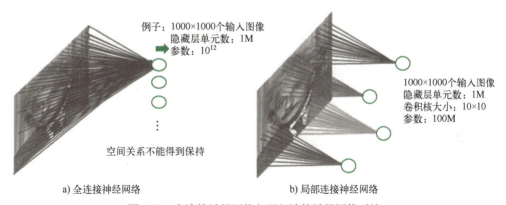

图 4.43 全连接神经网络与局部连接神经网络对比

深度学习与传统机器学习过程对比见图 4.44。粗线是传统的机器学习过程，细线是深度学习过程。

图 4.44 深度学习与传统机器学习过程对比

4.3.3 深度学习框架 PaddlePaddle

在开始深度学习项目之前，选择一个合适的框架是非常重要的，因为选择一个合适的框架能起到事半功倍的作用。目前，最为流行的深度学习框架有 PaddlePaddle、TensorFlow、Caffe、Theano、MXNet 和 PyTorch（见图 4.45）。

图 4.45　深度学习架构

本书选择 PaddlePaddle 作为深度学习框架。

PaddlePaddle 作为国内首个深度学习开源平台，由百度研发团队推出。

官方网站：http://www.paddlepaddle.org/。

输入 https://aistudio.baidu.com/ 进入 AI Studio 首页（见图 4.46）。

图 4.46　AI Studio 首页

AI Studio 强化了工程项目的概念，项目版块包括大量真实场景的工程项目。

在"项目"→"公开项目"中输入项目名称，就可以找到相应的项目（见图 4.47）。单击项目就可以看到项目代码（见图 4.48），运行代码就能得到运行结果。

图 4.47　找到项目

项目 4　让模型结构更"接近人脑"——深度学习

图 4.48　运行项目

【实施过程】

（1）数据集

数据集文件名为 characterData.zip，其中有 65 个文件夹（在项目代码处下载），包含 0～9、A～Z，以及各省简称，数据集包含 12020 个灰度图像。

本次实验中，取其中的 10%作为测试集，90%作为训练集。

数据集片段见图 4.49。

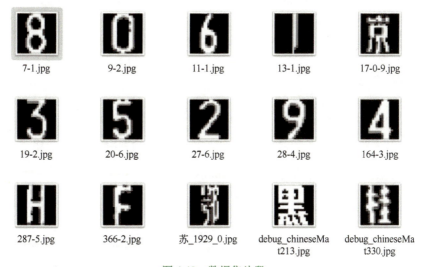

图 4.49　数据集片段

（2）实践平台

使用百度 AI 实训平台 AI Studio、Python3.7、PaddlePaddle2.1.2。

（3）项目代码

项目代码见 https://aistudio.baidu.com/projectdetail/3403377。

129

（4）车牌识别结果（见图 4.50）

图 4.50　车牌识别结果

【知识拓展】

4.3.4　强化学习

强化学习是一种机器学习方法，它允许智能体通过与环境的交互来学习最优策略。强化学习算法通常使用奖励函数来指导智能体的学习。奖励函数定义了智能体在不同状态下采取不同动作所获得的奖励。随着人工智能技术的发展，强化学习开始进入各个领域。在游戏领域中，强化学习被用来训练计算机程序击败人类专家棋手。在军事领域中，强化学习用来对无人机进行控制，康凌志等人就提出了一种强化学习网络驱动的军用飞机机载智能辅助决策系统，以提高无人机的智能能力，逃离目标的攻击。在机器人控制中，强化学习已被用来训练机器人执行各种各样的任务。随着强化学习算法的不断发展，强化学习将在越来越多的领域得到应用，并对人们的生活产生越来越大的影响。

强化学习更像人的学习过程：人类通过与周围环境交互，学会走路、奔跑、劳动，人与自然交互创造了现代文明。

强化学习基本框架见图 4.51。

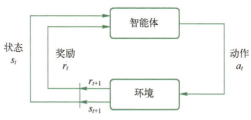

图 4.51　强化学习基本框架

状态用于描述系统可能处于的各种情况或状态。在强化学习中，状态是代表环境的信息，能够影响智能体的决策。动作是智能体在每个状态下可执行的操作或决策。动作集合定义了智能体可能采取的所有可能行动。转移概率描述了从一个状态执行某个动作后，转移到另一个状态的概率分布。这反映了环境的动态特性，即状态转移的不确定性。奖励则是指在每个状态执行每个动作后，智能体会接收到一个奖励。奖励用于评估智能体的行为，目标是通过最大化累积奖励来学习有效的策略。折扣因子用于衡量未来奖励的重要性，介于 0 和 1 之间，对未来奖励的影响随时间的推移而减小。这反映了智能体更注重近期奖励，而不是遥远的未来奖励。

强化学习的目标是找到一个策略，即在每个状态下选择动作的方式，以最大化期望累积奖励。强化学习算法通过与环境的交互来学习最优策略，通过试错的方式调整智能体的行为，以逐步提高性能。其中，值函数和 Q 值函数是用于衡量状态或状态-动作对优劣的关键概念。

4.3.5 自动驾驶

目前，强化学习算法已经被广泛应用于自动驾驶系统中。

1. 应用案例

1）Way mo 自动驾驶车辆：Way mo 公司的自动驾驶车辆通过基于强化学习的路径规划算法，能够实现高效、安全的自主驾驶。

2）英伟达智能驾驶平台：英伟达智能驾驶平台通过深度强化学习算法，能够实现高级驾驶辅助、自动驾驶和车辆控制等功能。

3）百度 Apollo 自动驾驶平台：百度 Apollo 自动驾驶平台通过基于强化学习的路径规划算法和模型预测控制技术，能够实现高效、安全的自主驾驶。

4）AWS DeepRacer：AWS DeepRacer 是一款设计用来测试强化学习算法在实际轨道中变现的自动驾驶赛车。它能使用摄像头来可视化赛道，并且可以使用强化学习模型来控制油门和方向（见图 4.52）。

5）Wayve.ai：Wayve.ai 已经成功应用强化学习来训练一辆车如何在白天自动驾驶。它使用了深度强化学习算法来处理车道跟随任务的问题，其网络结构是一个有 4 个卷积层和 3 个全连接层的深度神经网络。

图 4.52　AWS DeepRacer

2. 强化学习在自动驾驶技术中的应用

1）模型训练：强化学习可以用于训练自动驾驶系统的模型，通过模拟驾驶场景来训练智能体学习最优驾驶策略。智能体可以根据环境状态实时调整动作，并通过奖励信号来判断行为的好坏，不断优化驾驶决策。

2）智能决策：强化学习可以用于优化自动驾驶系统的决策能力。通过学习最优策略，自动驾驶系统可以在不同驾驶场景下做出智能决策，提高行驶安全性和效率。例如，在交通拥堵时，自动驾驶系统可以通过学习避免拥堵的路线，从而提高整体交通流畅度。

3）环境感知：强化学习可以辅助自动驾驶系统进行环境感知。通过训练智能体对环境进行观察和分析，自动驾驶系统可以更好地理解和感知周围交通情况，及时做出相应的驾驶决策。例如，智能体可以通过学习感知路面上的障碍物和行人，从而及时避免潜在的安全风险。

4）路径规划：在自动驾驶系统中，路径规划是指根据车辆当前的位置和目标位置，确定一条安全且高效的行驶路径。传统的路径规划方法通常基于地图信息和静态规则，但这些方法往往无法应对复杂的交通环境和动态变化的道路条件。强化学习可以通过与环境的交互来学习最优的路径规划策略。具体来说，强化学习算法可以将车辆的当前状态作为输入，输出一个动作，即车辆应该采取的行驶方向和速度。通过不断地与环境进行交互和反馈，强化学习可以逐步学习到最优的路径规划策略。

3. 仿真平台

AirSim 是 Microsoft 发布的开源自动驾驶仿真环境，并使用 Python 程序来读取信息和控制车辆。

4.3.6 智慧交通

随着人工智能在交通领域的应用深入，智能汽车可以简单地理解为"网联汽车+自动驾驶+个性化服务"。未来的汽车不仅仅是一个交通工具，更是一个会听、会看、会说、会驾驶、会思考、会学习的机器人。

在交通领域，人工智能不仅能够管理实时的交通数据，它还能通过对历史数据的深度挖掘和梳理，形成多维度的综合交通管理策略，缓解交通阻塞，减少交通事故，提高路网通过能力，提升通行效率，降低能源消耗，减轻环境污染。

1. 先进的交通管理系统（ATMS）

ATMS 主要是给交通管理者使用的，用于检测控制和管理公路交通，在道路、车辆和驾驶员之间提供通信联系。它将对道路系统中的交通状况、交通事故、气象状况和交通环境进行实时的监视，依靠先进的车辆检测技术和计算机信息处理技术，获得有关交通状况的信息，并根据收集到的信息对交通进行控制，如信号灯、发布诱导信息、道路管制、事故处理与救援等（见图 4.53）。

图 4.53　交通综合管理平台

2. 先进的公共交通系统（APTS）

APTS 的主要目的是采用各种智能技术促进公共运输业的发展，使公交系统实现安全便捷、经济、运量大。如通过个人计算机、闭路电视等向公众就出行方式和事件、路线及车次选择等提供咨询，在公交车站通过显示器向候车者提供车辆的实时运行信息（见图 4.54）。在公交车辆管理中心，可以根据车辆的实时状态合理安排发车、收车等计划，提高工作效率和服务质量。

项目4　让模型结构更"接近人脑"——深度学习

图 4.54　智能公交站牌

3. 电子收费系统（ETC）

ETC 通过安装在车辆挡风玻璃上的车载器与在收费站 ETC 车道上的微波天线之间的微波专用短程通信，利用计算机联网技术、车牌识别技术与银行进行后台结算处理，从而达到车辆通过路桥收费站不需要停车就能交纳路桥费的目的，且所交纳的费用经过后台处理后清分给相关的收益业主（见图 4.55）。在现有的车道上安装 ETC，可以使车道的通行能力提高 3～5 倍。

图 4.55　电子收费系统

4. 疲劳驾驶检测

疲劳驾驶是指驾驶员长时间的持续驾驶后，生理和心理机能失调，而在客观上出现驾驶技能下降的现象。如果睡眠质量不佳或不足，即使是短时间的驾驶也会导致疲劳驾驶。当驾驶员出现不断地眨眼、眼皮沉重、不断地打哈欠、眼睛黯淡无神、不停地点头等现象时，则表明驾驶员已经进入疲劳状态（见图 4.56）。

5. 玩手机检测

开车时打电话、看手机会严重干扰驾驶员的注意力（见图 4.57），使得发生车祸的风险比正常驾驶时高 4 倍以上。目前，对于驾驶员行车途中玩手机行为检测的研究主要集中在基于手机信号进行检测。由于很难分辨是驾驶员在打电话还是乘客在打电话，基于手机信号的方式会有很多误检。因此，基于机器视觉的驾驶员玩手机行为的检测，一是利用安装在车内挡风玻璃上的摄像头采集驾驶员的视频数据，基于视频数据进行玩手机行为检测，提高行车安全。二是基于车外摄像头的驾驶员玩手机行为检测方法，利用安装在车外，如天桥、灯杆等位置的摄像头采集驾驶员的图像数据,通过检测驾驶员的行车姿势和手部状态(手部位于头部中下部及手部姿态为抓握状)共同判断驾驶员的打电话行为。这种方法可用于交通部门对于驾驶员行车途中玩手机这一违规行为进行取证,作为处罚依据。

a) 闭眼识别预警　　　　　b) 低头识别预警　　　　　c) 打哈欠识别预警

d) 抽烟识别预警　　　　　e) 手离开方向盘预警　　　　f) 左顾右盼预警

图 4.56　疲劳驾驶检测

图 4.57　驾驶员玩手机检测

6. 行人闯红灯

摄像机内置行人检测及人数判断模块,通过对视频图像的逐帧处理来实现红绿灯识别和行人的检测、追踪,判断行人是否存在闯红灯的行为,实时输出检测结果(见图 4.58)。

图 4.58　行人闯红灯检测

7. 行人横穿马路

行人横穿马路指要么不走斑马线，要么逆向，要么翻越栏杆。

首先需要有一个行人检测模型，用于检测行人位置，得到行人在图中的坐标之后，再基于某些规则进行匹配筛选，判断该行人是否出现在了危险区域，这里的危险区域即指的是不能通行的马路（见图 4.59）。当行人坐标出现在该区域时，直接发出预警。

图 4.59 行人过马路检测

8. 车速检测

目前，国内外常用的车速检测技术有雷达、红外、激光、超声波、磁性测速等。随着人工智能技术的成熟，基于视频的方法也开始广泛应用于车速检测，视频车辆检测技术将是未来实时交通信息采集和处理技术的发展方向。

该方法通过闭路电视系统或数字照相机、摄像机来进行现场数据采集，采用视频识别技术和数字化技术分析交通数据。通过对连续视频图像的分析，跟踪超速车辆行为过程。首先标定两条基线，然后跟踪两线内的汽车行驶轨迹和时间，最后计算车速（见图 4.60）。

图 4.60 基于视频的车速检测

此种检测方法对检测路口的光线变化较敏感，因此图像的算法优劣是影响检测效果好坏的根本。

9. 车型识别

车型识别系统是智能交通系统的核心部分，被广泛应用于公路自动收费管理系统，可为高速公路收费站提供收费的依据。现在高速公路收费站的收费标准往往是按照车的载重量或者座位数分为几等车。车型识别系统通过判断车型是大型、中型和小型汽车来收取相应的费用，也可为车辆管理部门提供必要的帮助。例如，稽查刑侦部门可以利用对车标的识别对于违章稽查车辆、嫌疑车辆和肇事逃逸车辆进行搜索，利于及时发现线索；车标识别还可以为车辆管理部门提供车辆信息，便于统计车辆等。因此，随着我国机动车辆数量不断增加、交通压力越来越大、机动车辆管理难度越来越大等问题的出现，研究车型自动识别系统对机动车辆的合理管理、打击利用套牌车进行犯罪活动、提高人民的生活水平等方面具有重要的意义（见图4.61）。

图4.61　车型识别

车型识别主要依靠视频图像和计算机视觉理论来实现，在无法识别车牌的情况下发挥着重要作用。车型识别系统包括两个方面：粗粒度车型识别和细粒度车型识别。

粗粒度车型识别只能简单识别出大卡车、轿车、公交车等粗粒度信息，仅凭这些粗粒度数据分析，在如今智能交通中无法做到对车辆的精准识别和追踪。

细粒度车型识别能够识别出车辆具体型号、制造商、生产年份等有效信息，实现对车辆的精确识别。在车辆相关的违法犯罪案件中，公安部门首先需要收集受害者对有关车辆的特征描述，然后从交通图像数据库中检索出大量可疑车辆，最后进行对比锁定嫌疑车辆，会耗费了大量人力物力和时间，而通过细粒度车型识别技术能够自动识别出车辆的精准有效信息，然后对车辆进行在线或离线检索和识别，不仅节省了人力资源，而且可以显著提高交通执法的效率。此外，通过将识别得到的信息与车管所车辆注册的信息进行对比，可以快速锁定假牌、套牌车，这可以极大地提高有关车辆刑事案件的侦破效率，尤其在车牌信息不明的情况下，细粒度车型识别显得尤为重要。

10. 路面检测

随着经济的飞速发展和科学技术水平的进步，一方面，人们出行更加便利，另一方面，公路的健康也因车载的加重、恶劣的天气、自然老化等因素的影响而越来越差。路面裂缝、坑洼、障碍物、积水作为路面病害的初期表现形式，同时也是路面最常见的病害，在路面病害检测中占据着主要位置（见图4.62）。传统的人工检测方法不仅耗时、费力、准确率低而且安全性低。因此，自动路面检测识别系统的研究对于确保交通的安全具有重要意义。

11. 智能井盖

随着城市化进程的加快，市政公用设施建设也随之迅速发展，并在城市建设过程中修建大量的地下管道，如下水道、天然气管道、自来水管道等，同时路面也出现数不胜数的井盖。近年来，由于对井盖管理缺乏有效的实时监控手段。当路面出现井盖丢失、损坏、松动时，如无法及时获知而得不到修复，易造成井盖所处位置的道路交通存在安全隐患，严重影响市民出行安全，造成不良的社会影响。因此，如何加强和改善市政井盖缺失情况已成为各地政府及市政设施管理部门亟待解决的问题。

a) 路面裂缝

b) 坑洼检测

c) 路面障碍物

d) 路面积水检测

图 4.62　常见路面病害检测

目前对井盖监测方法可分为两大类：利用红外线、无线传感器、声控传感器等非图像传感器检测井盖是否缺失；利用图像处理技术，采集井盖缺失路面的二维或者三维图像，并对这些图像进行特征分析，从而判断井盖是否缺失，但这两类方法均需先定位含有井盖的路面位置，再通过分析判断井盖是否缺失、损坏和松动。

12．泊车位检测

随着城市机动车保有量迅猛提高，交通拥堵、停车困难、乱停乱放、事故纠纷、车辆安全、环境污染等交通相关的问题日益严重，特别是"停车难"日益成为制约城市经济与社会发展的"瓶颈"，如何改善交通的现状及解决停车难的问题得到了民众的极大关心。

在众多的停车问题中，路侧停车问题尤为突出。合法停车位严重不足导致机动车的乱停乱放。所以，利用人工智能技术进行泊车位检测非常有必要。

泊车位检测主要功能如下：

1）车位检测功能。车辆驶入泊车位时，自动检测车位上是否有车辆驶入，对泊位占用信息进行实时采集。

2）停车记录检测。在车辆泊位时，同时记录驶入车位的停车时间、离开时间。

3）数据上传功能。检测到车辆驶入泊位后，相关停车数据通过网络实时传送到后端平台。

4）诱导同步功能。检测到车辆驶入泊位后，自动关联到路边诱导屏，实时更新停车位余位信息。

5）手持终端同步功能。检测到车辆驶入泊位后，信息自动同步到路边收费人员所在手持终端。

6）差别化收费。不同路段、不同时间的收费有所区分，甚至支持免费停车时段和停车车辆。

7）满足公安交警对车辆的监控和管理。能够协助公安交警执法，对黑车、套牌车、违章车、涉案车、盗抢车、肇事逃逸、改装车、报废车、未年检车等进行监督管理，甚至与公安系统联动。

13. 自适应信号灯

自适应交通信号控制系统需要考虑到路网的整体交通状况，对路网中某一区域内的信号控制进行协同，给出交叉口之间信号控制的协调方案，保证整个区域的交通畅通，此时不再是根据单个交叉口的交通流做出优化配时，而是根据区域内所有交叉口的交通流信息进行协调优化，使得信号配时能够适应交通流的变化，从而提高路网整体的性能和路网吞吐量。

自适应信号灯控制出现了一个名词"绿波带"，其实就是在指定的交通线路上，当规定好该路段的车速后，要求信号控制机根据路段距离，把车流所经过的各路口绿灯的起始时间做相应的调整，以确保该车流到达每个路口时，正好遇到绿灯。

14. 团雾检测

团雾的检测本身并不难，难在团雾分布零散，无法做到整体全域的监控，这就使团雾检测变成了监测难、预警难、保障难的三难问题。传统的能见度检测仪造价高、施工难，是导致现在高速公路未能进行能见度实时监测的主要原因。基于监控视频的能见度检测是一个很好的解决方案，可以在现在高速公路已有监控系统的基础上实现能见度的实时监测，这将有效解决高速能见度的实时预警（见图4.63）。

图 4.63　团雾检测场景

15. 动态限速

高速公路动态限速系统包含用于监控与管理的中心监控模块及沿高速公路依次设置的多个路段限速子系统，路段限速子系统还包括天气状况检测模块。动态限速系统有两种应用场景。

1）异常天气动态限速。根据高速公路相应路段的实时数据实现高速公路动态限速，既能够降低高速公路异常天气的事故发生率，又能够保证高速公路的通行效率。

2）交通标志识别。通过实时、准确地识别驾驶环境中的交通标志，将标志的信息及时传递给驾驶员,从而规范驾驶员的行为,帮助他们安全驾驶。目前,基于视频的实时、动态的交通标志识别技术研究还不成熟。限速标志是目前世界各国采取的最普遍的一种车速控制方式,是交通标志的重要组成部分。但驾驶员在行车过程中并不总能及时、准确地看清限速标志内容,因此通过计算机自动识别限速标志以辅助安全驾驶非常必要。限速标志具有鲜明的特征,由白底、红圈、黑色数字组成,常设立在需要限制车辆速度路段的起点。通过对场景中限速标志的颜色、形状以及位置信息进行分析,在 RGB 颜色空间分别进行限速标志的红色颜色特征分割,结合标志的设置位置信息实现标志的检测;对检测的目标区域与模板库的标准模板进行相似度计算的匹配,辅之以目标中的数字进行字符切分与识别,完成限速标志的识别(见图 4.64)。

图 4.64 交通标识识别

项目 5 让机器拥有"理解语义"能力——图像处理与识别

在当今数字化时代，人工智能技术的应用已经渗透到了各个领域，其中之一就是图像处理领域。图像处理与识别是利用计算机对图像进行分析，以达到预期的结果。图像处理的目的是去除干扰噪声，将原始图像变成适于计算机进行特征提取的形式；图像识别将图像处理得到的图像进行特征提取和分类（见图 5.1）。

图 5.1　图像处理与识别

任务 5.1　涂抹擦除——去除照片瑕疵

【任务描述】

拍照不小心拍到了路人甲？影响照片美感？AI 助手可一键为你去除照片瑕疵和斑点，让你不再烦恼，效果见图 5.2。

a) 擦除前　　　　　　　　b) 擦除后

图 5.2　涂抹擦除效果

项目 5 让机器拥有"理解语义"能力——图像处理与识别

1. 基本原理

图像涂抹擦除的原理主要基于图形处理技术对图像中的特定区域进行识别和处理,以达到擦除或修改的目的。

具体来说,涂抹擦除功能通常通过图像编辑软件或在线工具实现。这些工具允许用户选择特定的擦除工具(如橡皮擦、修复画笔等),并在图像上涂抹或涂抹并拖动以选择需要擦除的区域。软件会根据用户的操作,自动计算并识别出需要擦除的区域,并对其进行处理。

在处理过程中,软件会采用一定的算法和技术,以确保擦除效果自然且不影响图像的整体质量。例如,对于复杂的涂鸦或需要清理的区域,软件可能采用智能识别功能,自动区分图像的原始内容和需要擦除的部分。对于简单的涂鸦,可以使用橡皮擦工具直接擦除;而对于较复杂的涂鸦或需要更精细处理的情况,可以使用修复画笔工具进行涂抹,使擦除区域与周围像素融合。

此外,为了保证擦除效果的最佳化,用户还可以对图像进行必要的修复和优化,如调整亮度、对比度、色彩等参数,以及修复由于擦除导致的图像失真等问题。

2. 基本功能

1)采用 AI 去水印技术,轻轻涂抹,快速消除多余物体。
2)支持一键擦除图片中多余的物体、路人、文字、logo、图片水印等。
3)简单几步快速移除水印,不损坏原图像画质,无痕还原图片的原始素材。
4)自动填充被擦除区域遮挡的背景,效果真实自然。

3. 推荐软件

360 智图(https://pic.360.com/home)是一个基于 360 搜索算法和图像 AI 识别的智能图片服务平台(见图 5.3)。它提供了多种功能,包括 AI 抠图、4K 无损放大和 AI 消除等。

图 5.3 360 智图主页

360 智图还提供了多种图片编辑功能，如智能识别、一键抠图、人像抠图、商品抠图等。用户可以根据自己的需求选择不同的功能，轻松编辑图片。

AI 创作功能可以让用户描绘脑海中的创意，并进行图片创作。用户只需输入文字描述的创意，就能快速生成多种不同风格的精美画作。此外，图文并茂功能支持多种图片格式，如 JPG、PNG 等，大小不超过 10MB。

【实施过程】

360 智图的涂抹擦除功能可以识别图片中不需要的内容，还可以自动删除背景。用户只需选中图片中不想要的部分，然后单击"开始消除"，AI 会自动进行消除并补全（见图 5.4）。图片修复功能则可以帮助修复破损或模糊的图片。

图 5.4　涂抹擦除

任务 5.2　人像抠图——让背景随心所欲

【任务描述】

1. 抠图概念

简单来说，抠图就是将图像中的某个部分切割下来，与其他图像或背景进行合成。通过抠图，可以将人物、物体等元素从图像中分离出来，进行单独处理。

2. 基本原理

在图像处理中，抠图是一项非常重要的技术，它可以将图像中的目标物体从背景中分离出来，使得图像更加清晰和美观。而 AI 技术的出现，为抠图技术的应用带来了新的可能性和便利性。

AI 抠图的原理主要基于深度学习和计算机视觉技术，通过训练模型识别图像中的边缘、色彩和纹理等信息，自动区分前景和背景，实现精准的抠图效果。

AI 抠图技术包括图像分割、边缘检测和色彩范围分析等核心部分。在处理过程中，AI 系统能够学习到如何准确地识别和分离图像中的主体与背景，从而实现对目标物体的精准抠图，这种技术相比传统手动抠图更加高效和精确。

【实施过程】

1. 抠图

360 智图的 AI 抠图功能非常强大，可以智能识别图片中的主体，并自动删除背景。用户只需将图片拖动到指定区域或粘贴图片截图/链接进行编辑，即可轻松完成抠图（见图 5.5）。此外，高清放大功能支持最高分辨率 8000 的图片，让图片更加清晰。

图 5.5　AI 抠图

除了 AI 抠图，还有人像抠图（见图 5.6）、商品抠图、点选实时抠图（见图 5.7）。

图 5.6　人像抠图

图 5.7　点选实时抠图

2. 背景替换

对图片进行背景替换，见图 5.8。

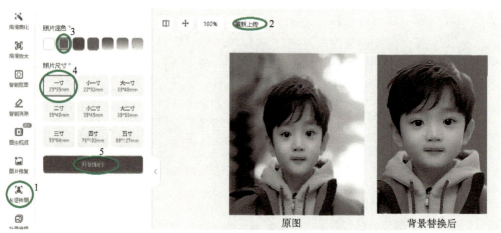

图 5.8　背景替换

3. 图生简笔画

生成简笔画见图 5.9。

图 5.9　生成简笔画

4. 魔法风格

生成魔法风格的图片见图 5.10。

图 5.10　魔法风格

图片更换背景的原理主要依赖于图像处理技术和计算机视觉算法，通过这些技术可以将图片中的原始背景替换为新的背景。以下是常见的图片更换背景的一般过程。

1）抠图技术：这是更换背景的核心步骤。抠图技术利用深度学习和图像识别算法，将图片中的人物或物体从原始背景中精确地分离出来。这通常涉及边缘检测、色彩分析、纹理识别等复杂算法，以确保被抠出的主体与背景之间的边界清晰且自然。

2）背景替换：在抠出主体后，可以将其放置在一个全新的背景中。这个新背景可以是一张静态的图片，也可以是一个动态的视频帧，甚至可以是用户自定义的图案或颜色。替换背景时，需要确保主体与新背景的融合自然，不出现明显的边缘或色彩差异。

3）调整与优化：完成背景替换后，可能还需要对图片进行一些调整和优化，使其看起来更加真实和美观。这可能包括调整主体的亮度、对比度、色彩平衡等参数，以及对新背景进行适当的裁剪、缩放或旋转等操作。

值得注意的是，随着 AI 技术的发展，现在已经有更高级的 AI 自动换背景技术。这种技术通过训练模型来识别图片中的主体和背景，并自动完成抠图和背景替换的过程。用户只需上传图片并指定新的背景，AI 模型就能快速生成一张背景已更换的新图片。

任务 5.3　黑白照片上色——使黑白图像变得鲜活

❋【任务描述】

黑白照片上色的原理主要基于计算机视觉和图像处理技术。这一过程涉及对黑白照片中的像素点进行识别和处理，以重新赋予它们颜色信息。

具体来说，黑白照片上色技术通过算法分析黑白照片中的灰度值，以确定每个像素点可能对应的颜色。这个过程通常基于颜色理论和图像处理技术的结合，通过算法来识别和分析照片中的不同区域和元素。算法会根据这些分析结果，为每个像素点选择合适的颜色，并将其与相应的 RGB 值匹配。

在黑白照片上色过程中，还会考虑图像的局部和全局信息。例如，算法会根据相邻像素的颜色和纹理信息来推断某个像素点的颜色，以确保上色后的图像在色彩和细节上保持连贯和真实。

此外，随着人工智能技术的发展，黑白照片上色技术也得到了进一步的提升。通过深度学习算法和大量的训练数据，可以训练出能够自动为黑白照片上色的模型。这些模型能够更准确地识别照片中的不同物体和场景，并为其赋予更真实的颜色。

黑白照片上色效果见图 5.11。

图 5.11　黑白照片上色效果

【实施过程】

使用 360 智图对老照片进行上色，见图 5.12。

图 5.12　老照片上色

任务 5.4　图像增强——提高图像的质量和视觉吸引力

【任务描述】

图像增强是图像模式识别中非常重要的图像预处理过程。图像增强的目的是通过对图像中的信息进行处理，使得有利于模式识别的信息得到增强，不利于模式识别的信息被抑制，扩大图像中不同物体特征之间的差别，为图像的信息提取及其识别奠定良好的基础，这一技术在医学影像、监控系统、卫星图像等多个领域都有广泛的应用。

图像增强效果见图5.13。

a) 增强后　　　　　　　　　　b) 增强前

图5.13　图像增强效果

【实施过程】

360智图图像增强提供的应用包括：

1）识别人脸瑕疵，对人像进行智能修图。

2）应用AI图像技术，一键增强图像画质，见图5.14。

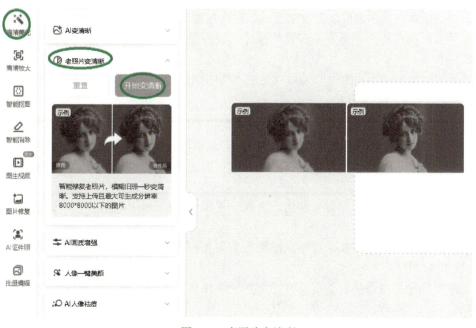

图5.14　老照片变清晰

任务 5.5　文生图——让你成为绘画大师

【任务描述】

文生图是一种基于深度学习技术的跨领域研究，它能够将文本描述转换为对应的图像。这一过程主要依赖于 GAN。

具体来说，生成器接收一个随机的噪声文本编码作为输入，然后生成一张图片。判别器则接收一张图片作为输入，并判断这张图片是真实的还是生成的。通过反复迭代训练，生成器和判别器不断提高自己的能力，直到生成器生成的图片足够逼真，以至于判别器无法区分真实的图片和生成器生成的图片。

文生图技术的应用范围非常广泛，包括艺术创作、虚拟现实、游戏设计等领域，它为这些领域提供了将文本描述转化为视觉作品的可能性。

【预备知识】

5.5.1　文生图提示词

文生图提示词在指导图像生成、提高相关性和创意方面具有重要意义，但也面临理解偏差、歧义性、细节描述等多方面的困难。随着技术的发展和模型的不断优化，这些困难有望得到逐步解决。

1. 文生图提示词的意义

1）指导生成：提示词为图像生成提供了明确或模糊的指导，帮助生成模型理解用户的需求和意图。

2）提高相关性：通过提示词，生成的图像与用户描述的内容更加相关，减少了无关或错误的输出。

3）增强创意：提示词可以激发模型的创意，生成出独特、新颖的图像。

4）节省时间：用户不需要从零开始描述，只需提供关键词或短语，即可快速得到想要的图像。

5）多样化输出：不同的提示词可以生成不同的图像，满足不同用户的需求。

2. 文生图提示词的困难

1）理解偏差：模型可能无法完全理解用户的提示词，导致生成的图像与预期不符。

2）歧义性：某些提示词可能具有多种含义，难以确定用户的具体意图。

3）细节描述：用户可能难以用简短的提示词描述复杂的图像细节，导致生成结果不够精确。

4）文化差异：不同文化背景的用户对同一提示词可能有不同的理解，模型需要考虑这些差异。

5）技术限制：当前的技术可能无法完全实现某些复杂或抽象的提示词，限制了生成图像的质量和多样性。

6）版权问题：使用特定的提示词可能涉及版权问题，如生成名人肖像或受版权保护的艺术作品。

7）伦理道德：某些提示词可能涉及不当内容，需要模型进行过滤和审查。

3. 文生图提示词的一般公式

文生图提示词的一般公式见图5.15。

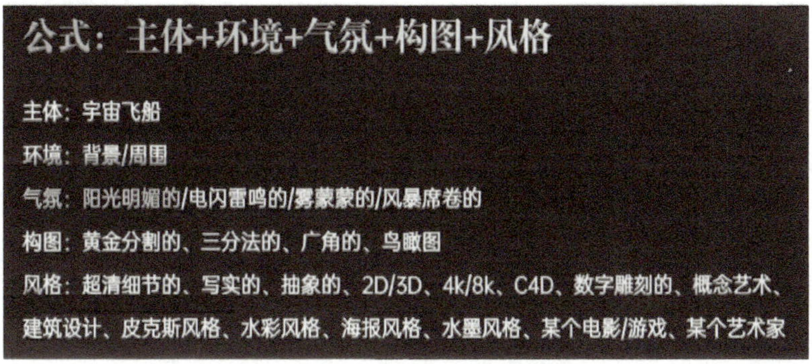

公式：主体+环境+气氛+构图+风格

主体：宇宙飞船
环境：背景/周围
气氛：阳光明媚的/电闪雷鸣的/雾蒙蒙的/风暴席卷的
构图：黄金分割的、三分法的、广角的、鸟瞰图
风格：超清细节的、写实的、抽象的、2D/3D、4k/8k、C4D、数字雕刻的、概念艺术、建筑设计、皮克斯风格、水彩风格、海报风格、水墨风格、某个电影/游戏、某个艺术家

图5.15 文生图提示词一般公式

1）主体描述：清晰准确地描述主体，包括主体的位置、细节、服饰、颜色、材料和纹路等。例如，"一个可爱的6岁中国小女孩，穿着黄色皮夹克"。

2）环境描述：描述主体的环境，包括背景、室内室外、季节、光线、色系和氛围等。例如，"她来到了一片绿色的森林，映入眼帘的是一片浓郁的绿色，从浅绿到深绿，层层叠叠"。

3）风格描述：选择适合的风格，如艺术家、流派、设计风格等。例如，"宫崎骏风格""迪士尼风格""写实风格"等。

4）视觉描述：描述拍摄风格和运镜方式，如广角、景深、俯视、全身照、特写、平移、倾斜、推镜、拉镜、变焦等。

5）精度描述：描述图像的尺寸比例、分辨率、光照和材质等。例如，"4K""高品质""高分辨率"等。

4. 示例

初级：一个可爱的6岁中国小女孩，穿着黄色皮夹克，今天她来到了一片绿色的森林，映入眼帘的是一片浓郁的绿色，从浅绿到深绿，层层叠叠，阳光透过树梢，洒下斑驳的光影。

中级1：在基础公式中加入"best quality""ultra-detailed"等标准化提示词，以获得更高质量的图像。

中级2：使用"|"分隔多个关键词，实现混合效果。例如，"一个女孩，红|蓝色头发，长发"。

高级1：使用"(权重数值)"或"((提示词))"来增强或减弱关键词的影响。例如，"(loli:1.21)""((loli))"3。

高级2：使用"[关键词1:关键词2:数字]"来实现渐变效果。

5.5.2 提示词分类

1. 时间和季节

（1）时间

比如，日出、黄昏、夜晚、清晨。

提示词：描绘日出或日落时宁静的冬季景观。生成的图片见图5.16。

图5.16　日落时宁静的冬季景观

（2）季节

比如，春天、夏天、秋天、冬天。

提示词：描绘一个充满活力和幻想的自然景观。生成的图片见图5.17。

图5.17　夏天自然景观

2．场景描述

（1）自然景观

比如，山脉、河流、森林、海滩。

提示词：呈现一个沐浴在秋季色彩中的宁静山景。场景以一个巨大的原始湖泊为主，蜿蜒穿过构图的中心，周围环绕着郁郁葱葱的树木，呈橙色、红色和黄色，预示着秋天的到来。生成的图片见图5.18。

图 5.18　秋色山景

（2）城市景观

比如，天际线、街道、建筑、公园。

提示词：描绘一个人口稠密的亚洲城市繁忙的夜景。这座城市的垂直建筑被充满活力的光芒照亮，建筑在夜空中高耸。生成的图片见图 5.19。

图 5.19　城市繁忙的夜景

（3）室内场景

比如，家庭环境、办公室、咖啡馆。

提示词：描绘一个现代简约的浴室。浴室的特点是单色配色方案，主要是灰色、原始白色和黑色色调，注重干净的线条和光滑的饰面。生成的图片见图 5.20。

（4）虚拟场景

比如，梦境、虚拟空间、未来世界。

提示词：描绘一种未来主义和赛博朋克的氛围，具有强烈的多维和技术主题。生成的图片见图 5.21。

图 5.20 现代简约的浴室

图 5.21 赛博朋克的氛围

3. 元素和物体

（1）自然元素

比如，植物、动物、水、岩石。

提示词：描绘一个暴风雨的场景。生成的图见图 5.22。

（2）物体

比如，建筑、家具、机械、交通工具。

提示词：描绘一个引人注目的艺术表现，图像的风格是概念性和抽象性的，强调镜头，营造出戏剧性和内省的氛围。生成的图见图 5.23。

图 5.22　暴风雨的场景

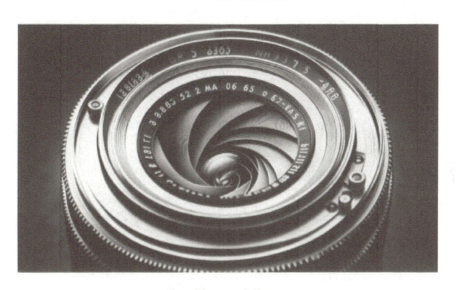

图 5.23　齿轮

(3) 抽象元素

比如，几何形状、符号、图案。

提示词：描绘展示一件数字艺术品，其特点是超现实和抽象的场景。生成的图见图 5.24。

4. 艺术风格

(1) 传统艺术风格

比如，现实主义、印象主义、表现主义。

提示词：描绘各种漫画书和媒体特许经营权中标志性人物的一系列插图肖像。生成的图见图 5.25。

图 5.24　超现实和抽象的场景

图 5.25　色彩漫画艺术

（2）现代艺术风格

比如，抽象艺术、波普艺术、极简主义。

提示词：描绘一幅具有波普艺术风格的壁画。生成的图见图 5.26。

（3）特定艺术风格

比如，东方艺术、民间艺术、特定国家或地区风格。

提示词：描绘一幅经典的水墨画。生成的图见图 5.27。

图 5.26 波普艺术风格的壁画

图 5.27 水墨画

(4)摄影艺术风格

比如,人像摄影、风景摄影、街头摄影、纪实摄影。

提示词:描绘一张迷人的照片,以一位女性为焦点,她穿着一件优雅的、呈现出微微闪烁的金属色调的连衣裙,突显她沉稳的姿态。连衣裙生成的图见图 5.28。

5. 色彩和光线

(1)色彩

比如,鲜艳、柔和、冷暖色调。

提示词:描绘一张抽象艺术风格的图像,强调几何形状和鲜艳的色彩。生成的图见图 5.29。

图 5.28　人像摄影

图 5.29　抽象艺术风格

（2）光线

比如，阳光、阴影、反射、透光。

提示词：描绘一个具有干净、极简主义美学的现代建筑内部空间；地板由大块的方形瓷砖组成，墙壁光滑，散发出凉爽的灰色调；光源看起来很自然，通过漫射窗过滤，在整个空间投射出柔和的漫射光，营造出宁静祥和的氛围。生成的图见图 5.30。

6．情感和氛围

（1）情感

比如，快乐、悲伤、宁静、紧张。

提示词：描绘一张具有电影效果的照片；照片中有一个男人，坐在一个光线昏暗的房间里，灯光在他的脸和背景上投下戏剧性的阴影；光线来自观众面对拍摄对象的方向，营造出一种深度和情绪化的感觉。生成的图见图 5.31。

图 5.30　现代建筑内部空间

图 5.31　电影效果

（2）氛围

比如，神秘、浪漫、怀旧、梦幻。

提示词：描绘清晨宁静的现代卧室内部。生成的图见图 5.32。

7．构图和视角

（1）构图

比如，对称、非对称、层次、焦点。

提示词：描绘一张图像，一棵对比鲜明的棕榈树在图像的中心附近，图像背景是一片荒凉的沙漠。生成的图见图 5.33。

图 5.32　清晨宁静的现代卧室内部

图 5.33　荒凉的沙漠景观

（2）视角

比如，鸟瞰、仰视、正面、侧面。

提示词：描绘一座高耸的现代建筑。生成的图见图 5.34。

8. 人物与肖像

（1）人物特征

比如，表情、姿态、装束、年龄。

提示词：描绘一名穿着蓝色医疗服的男士。生成的图见图 5.35。

（2）肖像特征

比如，写实、卡通、抽象、概念。

提示词：描绘一个具有现实主义风格但艺术性增强的女性形象。生成的图见图 5.36。

项目5 让机器拥有"理解语义"能力——图像处理与识别

图 5.34 高耸的摩天大楼

图 5.35 穿着蓝色医疗服的男士

图 5.36 艺术性增强的女性形象

9. 天气和气候

（1）天气

比如，晴朗、多云、雨天、雪天。

提示词：描绘一个宁静的冬季场景，以一组白雪覆盖的树木为主。生成的图见图5.37。

图 5.37 宁静的冬季场景

（2）气候

比如，炎热、寒冷、湿润、干燥。

提示词：描绘一片郁郁葱葱的热带雨林。生成的图见图5.38。

图 5.38 热带雨林

10．质地和材料

（1）质地

比如，光滑、粗糙、柔软、硬质。

提示词：描绘一棵倒下的树上参差不齐的风化树皮的特写照片。生成的图见图 5.39。

图 5.39　风化树皮的特写

（2）材料

比如，金属、木材、玻璃、石材。

提示词：描绘一张特写照片，由电缆显示出复杂的编织。生成的图见图 5.40。

图 5.40　电缆显示出复杂的编织

11．动作和活动

（1）动作

比如，流动、旋转、跳跃、飞翔。

提示词：描绘一个在天空中漂浮的热气球。生成的图见图 5.41。

图 5.41 热气球

（2）活动

比如，跑步、跳舞、攀爬、游泳。

提示词：描绘一群霹雳舞者在城市中跳舞的生动场景。生成的图见图 5.42。

图 5.42 一群霹雳舞者在城市中跳舞

【实施过程】

1. 文心一言

Prompt：画一幅风景画。夕阳日落时，天边有巨大云朵，海面波涛汹涌。运行结果见图 5.43。

项目 5　让机器拥有"理解语义"能力——图像处理与识别

图 5.43　文生图能力体验

Prompt：生成一幅 markdown 格式的思维导图，主题是高职大数据技术专业，按基础模块、核心模块、拓展模块划分的课程体系结构来生成。运行结果见图 5.44。

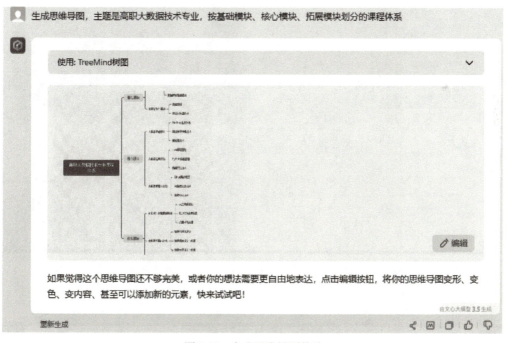

图 5.44　生成思维导图体验

单击"编辑"按钮，可以导出思维导图。

2．文生图

打开 360 智图（见图 5.45）。

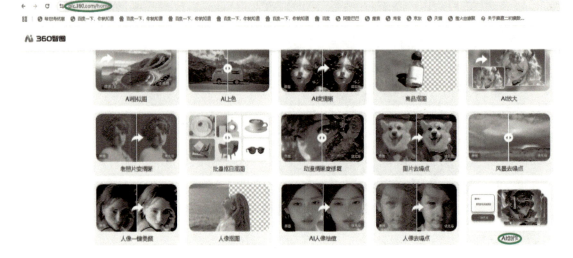

图 5.45　360 智图

文生图案例见图 5.46。

图 5.46　文生图案例

3．制作 LOGO

可以使用文字生成对应的 LOGO。首先打开网站 https://www.logosc.cn/，见图 5.47。
输入 LOGO 名称，见图 5.48。
生成的 LOGO 设计结果见图 5.49。

项目 5　让机器拥有"理解语义"能力——图像处理与识别

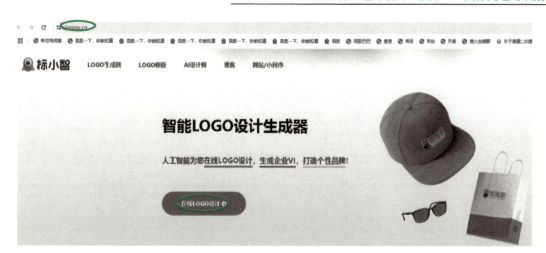

图 5.47　智能 LOGO 设计生成器主页

图 5.48　输入 LOGO 名称

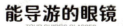

图 5.49　LOGO 设计结果

4. 聪明灵犀

聪明灵犀是一个计算机端的 AI 绘画生成器，它可以在短时间之内生成具有艺术感的图像。用户可以通过上传自己的图片或一段文字描述来作为基础。然后，这款 AI 绘画工具会根据用户的选择和指导，生成令人惊叹的艺术作品。

1）打开工具以后，选择"AI 绘画"中的"AI 图生图"，或者"AI 文生图"。这两种方法都可以快速生成绘画，按照需求选择即可（见图 5.50）。

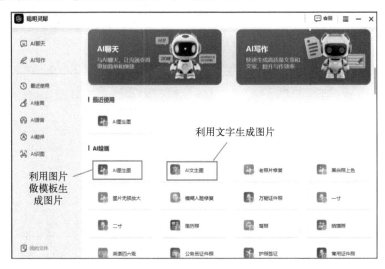

图 5.50　工具首页

2）采用"AI 文生图"功能，只要在概述中输入一段文字性的描述，选择好图片的尺寸和画质，单击"立即生成"即可（见图 5.51）。

图 5.51　输入 Prompt

3）整个过程不到 1min 就可以完成，绘图效果见图 5.52。

项目 5　让机器拥有"理解语义"能力——图像处理与识别

图 5.52　聪明灵犀绘画效果

5．Getimg.AI

Getimg.AI 可以将用户上传的照片转换为出色的二次元艺术作品，它支持多种艺术风格的转换，包括动漫、水彩等，让用户可以根据不同的需求和喜好进行选择（见图 5.53）。

图 5.53　Getimg.AI 绘画效果

6．Vega AI

Vega AI 是一个免费的在线人工智能绘画平台，它提供了多种绘画风格和工具，包括水彩、油画、素描、卡通等，还有多种绘画方式可供选择，包括文生图、图生图、条件生图、姿势生图等，用户可以快速构建自己的绘画作品（见图 5.54）。

图 5.54　Vega AI 绘画效果

7．Midjourney

市面上呼声最高、最常用的 AIGC 图像工具，目前已经迭代到了 V5 版本，它在手部特写、眼部特写、光影处理方面更加逼真（见图 5.55）。

图 5.55　Midjourney 生成的头像图片

【知识拓展】

5.5.3　大模型

在 ChatGPT 之前，被公众关注的 AI 模型是用于单一任务的，比如众所周知的"阿尔法

项目 5 让机器拥有"理解语义"能力——图像处理与识别

狗"(AlphaGo)可以基于全球围棋棋谱的计算,打败所有的人类围棋大师。这种专注于某个具体任务建立的 AI 数据模型叫"小模型"。

ChatGPT 与"小模型"不同,ChatGPT 更像人类的大脑,可以在海量通用数据上进行预先训练,能大幅提升 AI 的泛化性、通用性、实用性。

大模型让机器有常识,大模型最本质的特征不在于"大"(大参数、大计算、大数据),这只是一个表象,大模型本质是"涌现""出乎意料""创造"。

1. 大模型的定义

大模型本质上是一个使用海量数据训练而成的深度神经网络模型,其巨大的数据和参数规模,实现了智能的涌现,展现出类似人类的智能。

那么,大模型和小模型有什么区别?

小模型通常指参数较少、层数较浅的模型,它们具有轻量级、高效率、易于部署等优点,适用于数据量较小、计算资源有限的场景,例如移动端应用、嵌入式设备、物联网等。而当模型的训练数据和参数不断扩大,直到达到一定的临界规模后,其表现出一些未能预测的、更复杂的能力和特性,模型能够从原始训练数据中自动学习并发现新的、更高层次的特征和模式,这种能力被称为"涌现能力"。

大模型的设计目的是提高模型的表达能力和预测性能,能够处理更加复杂的任务和数据。大模型在各种领域都有广泛的应用,包括自然语言处理、计算机视觉、语音识别和推荐系统等。大模型通过训练海量数据来学习复杂的模式和特征,具有更强大的泛化能力,可以对未见过的数据做出准确的预测。

大模型、机器学习、深度学习、人工智能、自然语言处理之间的关系见图 5.56。

人工智能是用于对模仿人类智能的机器进行分类的最广泛的术语。人工智能主要有三大类:人工狭义智能、通用人工智能和人工超级智能。人工狭义智能被认为是"弱AI",它被训练来执行特定任务,如语音或图像识别。通用人工智能和人工超级智能被认为是"强人工智能",其认知能力与人类相当/更大。目前还不存在强AI的实际例子。

生成式人工智能是一种根据自然语言提示生成文本、图像和其他内容的人工智能系统。

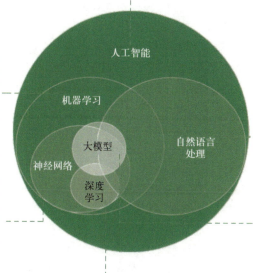

机器学习是人工智能的一个子领域,专注于开发模型和算法,以帮助计算机通过经验提高性能。大量数据被输入计算机,然后计算机发现数据中的模式,并使用它进行预测和决策。

神经网络是机器学习的一个子领域。它们是人类大脑结构启发的数学模型。网络的每个神经元或节点都接收输入,执行计算,并产生输出。如果任何单个节点的输出高于指定的阈值,则该节点被激活并向网络的下一层发送数据。

自然语言处理(NLP)是人工智能的一个子领域,专注于让计算机能够以与人类相似的方式理解文本和口语。NLP使用计算语言学与统计、机器学习和深度学习模型相结合,使计算机能够理解人类语言。它使用两种技术来实现:句法分析,识别句子中单词的结构和关系;语义分析,侧重于单词在句子中的含义及其上下文。谷歌翻译是现实世界中NLP技术的例子;像Siri和Alexa这样的聊天机器人也依赖于NLP。

大模型(LLM)是一种机器学习模型,它使用自监督学习或半监督学习在大量未标记的数据上进行训练,以执行NLP任务。LLM使用深度神经网络来生成输出。ChatGPT是LLM最著名的例子。

深度学习是具有三层或更多层的神经网络。深度学习与"经典"机器学习的不同之处在于其使用的数据类型和学习方法。虽然机器学习算法利用更多结构化、标记的数据进行预测,但深度学习不一定需要标记的数据集,并且它对人类交互的依赖性较小。深度学习有许多应用,如语音识别和自动驾驶。

图 5.56 大模型、机器学习、深度学习、人工智能、自然语言处理之间的关系

大模型具有以下特点。

1）巨大的规模。大模型包含数十亿个参数，模型大小可以达到数百 GB 甚至更大。巨大的模型规模使大模型具有强大的表达能力和学习能力。

2）涌现能力。涌现能力指的是当模型的训练数据突破一定规模，模型突然涌现出之前小模型所没有的、意料之外的、能够综合分析和解决更深层次问题的复杂能力和特性。

3）预训练。大模型可以通过在大规模数据上进行预训练，然后在特定任务上进行微调，从而提高模型在新任务上的性能。

4）自监督学习。大模型可以通过自监督学习在大规模未标记数据上进行训练，从而减少对标记数据的依赖，提高模型的效能。

5）微调。使用任务相关的数据进行训练，以提高在该任务上的性能和效果。

2．大模型的分类

按照输入数据类型的不同，大模型主要可以分为以下三大类（见图 5.57）。

图 5.57　大模型分类

1）语言大模型：是指在自然语言处理（Natural Language Processing，NLP）领域中的一类大模型，通常用于处理文本数据和理解自然语言。这类大模型的主要特点是它们在大规模语料库上进行了训练，以学习自然语言的各种语法、语义和语境规则。例如，OpenAI 的 GPT 系列、谷歌的 Bard、百度的文心一言。

2）视觉大模型：是指在计算机视觉（Computer Vision，CV）领域中使用的大模型，通常用于图像处理和分析。这类模型通过在大规模图像数据上进行训练，可以实现各种视觉任务，如图像分类、目标检测、图像分割、姿态估计、人脸识别等。例如，谷歌的 VIT 系列、文心 UFO、华为盘古 CV、商汤 INTERN。

3）多模态大模型：是指能够处理多种不同类型数据的大模型，例如文本、图像、音频等多模态数据。这类模型结合了 NLP 和 CV 的能力，以实现对多模态信息的综合理解和分析，从而能够更全面地理解和处理复杂的数据。例如，九章云极 DataCavas 的 DingoDB 多模向量数据库、OpenAI 的 DALL-E、华为悟空画画、Midjourney。

按照应用领域的不同，大模型主要分为 L0、L1、L2 三个层级。

1）通用大模型 L0：是指可以在多个领域和任务上通用的大模型。它们利用大算力，使用海量的开放数据与具有巨量参数的深度学习算法，在大规模无标注数据上进行训练，以寻找特征并发现规律，进而形成可"举一反三"的强大泛化能力，可在不进行微调或少量微调的情况下完成多场景任务，相当于 AI 完成了"通识教育"。

2）行业大模型 L1：是指那些针对特定行业或领域的大模型。它们通常使用行业相关的数据进行预训练或微调，以提高在该领域的性能和准确度，相当于 AI 成为"行业专家"。

3）垂直大模型 L2：是指那些针对特定任务或场景的大模型。它们通常使用任务相关的数据进行预训练或微调，以提高在该任务上的性能和效果。

3. 大模型的发展历程

ChatGPT 成为人工智能的里程碑，其背后是算力发展和数字时代形成的大数据所共同支持的大模型训练。GPT-3.5 系列模型，有着多达 1750 亿个模型参数。OpenAI 主要使用的公共爬虫数据集有着超过万亿单词的人类语言数据集。在算力方面，GPT-3.5 在 Azure AI 超算基础设施上进行训练，总算力消耗约 3640 PF-days（即每秒一千万亿次计算，运行 3640 个整日）。大模型发展历程见图 5.58。

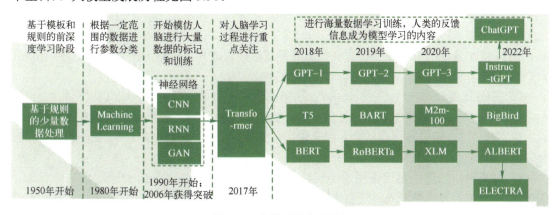

图 5.58 大模型的发展历程

1）萌芽期（1950—2005）：以卷积神经网络为代表的传统神经网络模型阶段。

1956 年，从计算机专家约翰·麦卡锡提出"人工智能"概念开始，AI 由最开始基于小规模专家知识逐步发展为基于机器学习。

1980 年，卷积神经网络的雏形诞生。

1998 年，现代卷积神经网络的基本结构 LeNet-5 诞生，机器学习方法由早期基于浅层机器学习的模型，变为基于深度学习的模型，为自然语言生成、计算机视觉等领域的深入研究奠定了基础，对后续深度学习框架的迭代及大模型发展具有开创性的意义。

2）探索沉淀期（2006—2019）：以 Transformer 为代表的全新神经网络模型阶段。

2013 年，自然语言处理模型 Word2Vec 诞生，首次提出将单词转换为向量的"词向量模型"，以便计算机更好地理解和处理文本数据。

2014 年，被誉为 21 世纪最强大算法模型之一的 GAN 诞生，标志着深度学习进入了生成模型研究的新阶段。

2017 年，谷歌颠覆性地提出了基于自注意力机制的神经网络结构——Transformer 架构，奠定了大模型预训练算法架构的基础。

2018 年，OpenAI 和谷歌分别发布了 GPT-1 与 BERT 大模型，意味着预训练大模型成为自然语言处理领域的主流。在探索期，以 Transformer 为代表的全新神经网络架构，奠定了大模型的算法架构基础，使大模型技术的性能得到了显著提升。

3）迅猛发展期（2020 至今）：以 GPT 为代表的预训练大模型阶段。

2020 年，OpenAI 公司推出了 GPT-3，模型参数规模达到了 1750 亿，成为当时最大的语言模型，并且在零样本学习任务上实现了巨大性能提升。随后，更多策略如基于人类反馈的强化学习（RHLF）、代码预训练、指令微调等开始出现，被用于进一步提高推理能力和任务泛化。

2022 年 11 月，搭载了 GPT3.5 的 ChatGPT 横空出世，凭借逼真的自然语言交互与多场景内容生成能力，迅速引爆互联网。

2023 年 3 月，发布的超大规模多模态预训练大模型——GPT-4，具备了多模态理解与多类型内容生成能力。在迅猛发展期，大数据、大算力和大算法完美结合，大幅提升了大模型的预训练和生成能力以及多模态多场景应用能力。如 ChatGPT 的巨大成功，就是在微软 Azure 强大的算力以及 wiki 等海量数据支持下，在 Transformer 架构基础上，坚持 GPT 模型及人类反馈的强化学习（RLHF）进行精调的策略下取得的。

4．GPT-4o

2024 年 5 月 14 日，OpenAI 宣布推出其最新旗舰生成式 AI 模型 GPT-4o，其中"o"代表 Omni，即全能的意思，凸显了其多功能的特性。

GPT-4o 能够处理 50 种不同的语言，提高了速度和质量，并能够读取人的情绪。

GPT-4o 是迈向更自然人机交互的一步，它可以接受文本、音频和图像三者组合作为输入，并生成文本、音频和图像的任意组合输出，"与现有模型相比，GPT-4o 在图像和音频理解方面尤其出色。"

在 GPT-4o 之前，用户使用语音模式与 GPT 对话时，GPT-3.5 的平均延时为 2.8s，GPT-4 为 5.4s，音频在输入时还会由于处理方式丢失大量信息，让 GPT-4 无法直接观察音调、说话的人和背景噪声，也无法输出笑声、歌唱声和表达情感。

与之相比，GPT-4o 可以在 232ms 内对音频输入做出反应，与人类在对话中的反应时间相近。在对话中你可以随时打断它，可以"听懂"用户的不同语气、语调，还能根据自己的回答生成不同语气的回复。整个过程很自然很流畅，就像是两个人面对面交流，见图 5.59。

图 5.59　与 GPT-4o 聊天

性能方面，根据传统基准测试，GPT-4o 在文本、推理和编码等方面实现了与 GPT-4 Turbo 级别相当的性能，同时在多语言、音频和视觉功能方面的表现分数也创下了新高。

图像输入方面,GPT-4o 可以对一张气温图表进行实时解读。

GPT-4o 在英语文本和代码上的性能与 GPT-4 Turbo 的性能相匹配,在非英语文本上的性能显著提高,同时 API 的速度也更快,成本降低了 50%。

5. 我国大模型

在 ChatGPT 火爆以后,我国的科技企业纷纷"赶上潮流",推出了自己的大模型产品。图 5.60 给出了国内主流大模型各项评估指标。

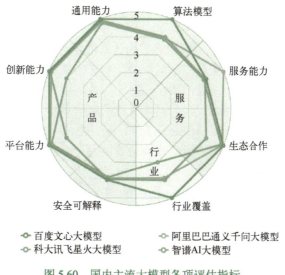

图 5.60 国内主流大模型各项评估指标

文心大模型:百度文心大模型源于产业、服务于产业,是产业级知识增强大模型。百度通过大模型与国产深度学习框架融合发展,打造了自主创新的 AI 底座,大幅降低了 AI 开发和应用的门槛,满足真实场景中的应用需求,真正发挥大模型驱动 AI 规模化应用的产业价值。文心大模型的一大特色是"知识增强",即引入知识图谱,将数据与知识融合,提升了学习效率及可解释性。文心 ERNIE 自 2019 年诞生至今,在语言理解、文本生成、跨模态语义理解等领域取得多项技术突破,在公开权威语义评测中斩获了十余项世界冠军。2020 年,文心 ERNIE 荣获世界人工智能大会 WAIC 最高奖项 SAIL 奖。

星火大模型:星火大模型是科大讯飞的类 ChatGPT 产品,英文名 spark desk。以中文为核心的新一代认知智能大模型,拥有跨领域的知识和语言理解能力,能够基于自然对话方式理解与执行任务。从海量数据和大规模知识中持续进化,实现从提出、规划到解决问题的全流程闭环,包括内容生成、逻辑推理、语言理解等 7 大功能。2023 年 5 月 6 日正式对外发布。

通义千问大模型:通义千问大模型是阿里云推出的一个超大规模的语言模型,功能包括多轮对话、文案创作、逻辑推理、多模态理解、多语言支持,能够跟人类进行多轮的交互,也融入了多模态的知识理解,且有文案创作能力,能够续写小说、编写邮件等。2023 年 4 月 7 日,通义千问开始邀请测试;4 月 11 日,通义千问在 2023 阿里云峰会上揭晓;4 月 18 日,钉钉正式接入阿里巴巴通义千问大模型,其宣传口号是"我是效率助手,也是点子生成机；一个专门响应人类指令的大模型"。

其他大模型：百川智能的百川大模型、智谱 AI 的 GLM 大模型、中国科学院的昇思大模型、MiniMax 的 ABAB 大模型、上海人工智能实验室的书生通用大模型、华为盘古大模型、字节豆包、昆仑万维与奇点智源联合研发的天工 AI 助手。

5.5.4 大模型之核心架构 Transformer

Transformer 架构是当前大模型领域主流的算法架构基础，由此形成了 GPT 和 BERT 两条主要的技术路线，其中 BERT 最有名的落地项目是谷歌的 AlphaGo。在 GPT-3.0 发布后，GPT 逐渐成为大模型的主流路线。

1. Transformer 发展历程

自 AlexNet 被提出以来，卷积神经网络成为计算机视觉领域的主流架构。卷积神经网络结构由卷积层、池化层以及全连接层三部分组成，其工作原理是通过不断堆叠的卷积层慢慢扩大感受野直至覆盖整个图像，来进一步实现对图像从局部到全局的特征提取。然而，由于感受野的大小受限，卷积神经网络在浅层网络提取局部信息有限，在捕获全局上下文信息方面缺乏效率，缺少对图像的整体感知和宏观理解。受自注意（Self-attention）机制在 NLP 领域成功应用的启发，一些基于卷积神经网络模型尝试通过引入注意力层或直接用注意力模块替代卷积层来克服卷积带来的局限性。

Transformer 于 2017 年 6 月由谷歌团队提出。作为一种基于注意力的结构，Transformer 首次在 NLP 任务中展现出了巨大的优势，成为 NLP 领域里程碑式的模型。一年后，OpenAI 基于 Transformer 提出了一系列强大的预训练语言模型 GPT。该系列模型在文章生成、机器翻译等复杂的 NLP 任务中取得了惊人的效果。Transformer 凭借着其在 NLP 领域取得的重大突破及其卓越的性能，引起了计算机视觉界的广泛关注，越来越多的研究人员将其迁移应用到诸多视觉任务中并取得了良好的效果，呈现出成为卷积神经网络潜在替代结构的趋势。

Transformer 发展历程见图 5.61。基于 Transformer 的视觉模型被广泛应用在目标检测、图像分割、图像生成、图像标注等其他计算机视觉任务中，且基于 Transformer 的效果可以媲美甚至超越同时期基于卷积神经网络的算法模型。

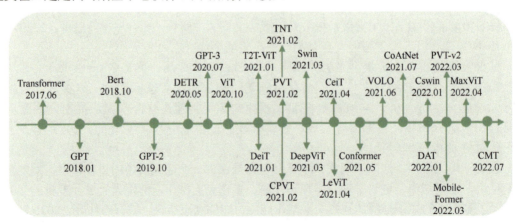

图 5.61　Transformer 发展历程

2. Transformer 模型架构

Transformer 模型是一个基于自注意力机制的 Seq2Seq（Sequence to Sequence）模型，模型采用 Encoder-Decoder 结构，摒弃了传统的 CNN 和 RNN，仅使用自注意力机制来挖掘词语间的关系，兼顾并行计算能力的同时，极大地提升了长距离特征的捕获能力。

首先用中英文翻译案例，体会一下 Transformer 使用时的大致流程（见图 5.62）。

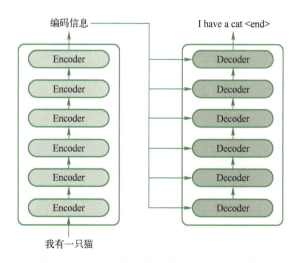

图 5.62 用于中英文翻译的 Transformer 架构

可以看到 Transformer 由编码器（Encoder）和解码器（Decoder）两个部分组成，Encoder 和 Decoder 都包含 6 个 block。Transformer 的工作流程大体如下。

第 1 步：获取输入句子的每一个单词的表示向量 X，X 由单词的 Embedding 和单词位置的 Embedding 相加得到，见图 5.63。

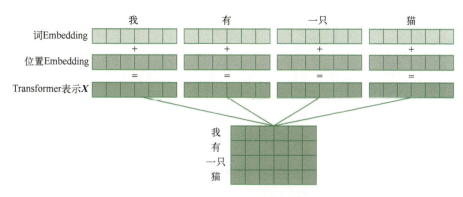

图 5.63 Transformer 的输入表示

第 2 步：将得到的单词表示向量矩阵（见图 5.64，每一行是一个单词的表示）传入 Encoder 中，经过 6 个 Encoder block 后可以得到句子所有单词的编码信息矩阵 C，见图 5.64。单词向量矩阵用 $n×d$ 阶的表示，n 是句子中单词个数，d 是表示向量的维度（一般假设 d=512）。每一个 Encoder block 输出的矩阵维度与输入完全一致。

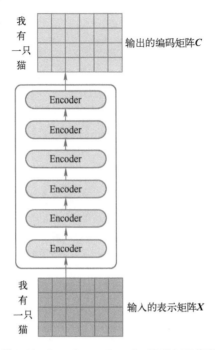

图 5.64　Transformer Encoder 编码句子信息

第 3 步：将 Encoder 输出的编码信息矩阵 C 传递到 Decoder 中，Decoder 依次会根据当前翻译过的单词 $1\sim i$ 翻译下一个单词 $i+1$，见图 5.65。在使用的过程中，翻译到单词 $i+1$ 的时候需要通过掩盖（Mask）操作遮盖住 $i+1$ 之后的单词。

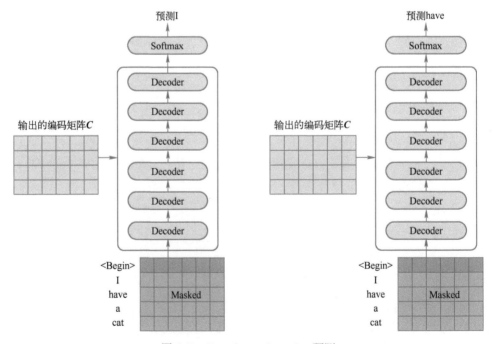

图 5.65　Transformer Decoder 预测

Decoder 接收 Encoder 的编码矩阵 C,首先输入一个翻译开始符"<Begin>",预测第一个单词"I";然后输入翻译开始符"<Begin>"和单词"I",预测单词"have",以此类推。

图 5.66 是 Transformer 的内部结构图,左侧为 Encoder block,右侧为 Decoder block。圈中的部分为 Multi-Head Attention,是由多个 Self-Attention 组成的,可以看到 Encoder block 包含一个 Multi-Head Attention,而 Decoder block 包含两个 Multi-Head Attention(其中有一个用到 Masked)。Multi-Head Attention 上方还包括一个 Add & Norm 层,Add 表示残差连接(Residual Connection),用于防止网络退化,Norm 表示 Layer Normalization,用于对每一层的激活值进行归一化。Self-Attention 是 Transformer 的重点。

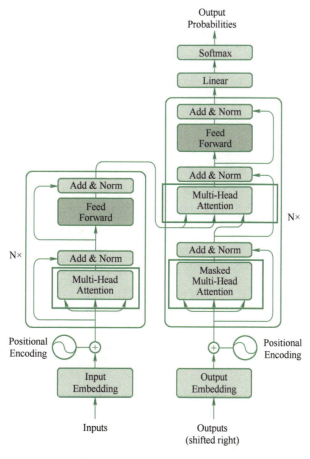

图 5.66 Transformer 模型结构

3. 自注意力

注意力机制是一种在神经网络中常用的机制,它可以使网络集中关注于特定的信息,从而提高模型的性能和效果。自注意力机制是其中一种常见的注意力机制,其原理如下。

设有一个输入序列 $X = [x_1, x_2, x_3]$,其中 x_1、x_2、x_3 分别是输入序列中的元素。

步骤1：首先，需要定义三个权重矩阵 W_q（查询矩阵，Query Matrix）、W_k（键矩阵，Key Matrix）和 W_v（值矩阵，Value Matrix），它们用于计算查询、键和值。

步骤2：对于每一个输入元素 x_i，通过以下公式计算它的查询 q_i、键 k_i 和值 v_i：

$$q_i = x_i \times W_q$$
$$k_i = x_i \times W_k$$
$$v_i = x_i \times W_v$$

步骤3：接下来，计算每个元素 x_i 对于每个元素 x_j 的注意力得分，这通过查询 q_i 和键 k_j 的点积，然后通过 softmax 函数进行归一化得到：

$$\text{Attention}(x_i, x_j) = \text{softmax}(q_i \cdot k_j)$$

步骤4：计算每个元素的输出，这通过将每个元素 x_i 的注意力得分与对应的值 v_i 相乘，然后求和得到：

$$\text{output}(x_i) = \Sigma j(\text{Attention}(x_i, x_j) \times v_j)$$

4. 多头注意力

为提高自注意层的性能，在自注意机制的基础上，提出了多头注意力机制（Multi-head Attention）。在多头注意力的作用下，Transformer 可以联合来自多个头部从不同角度学习到的信息，从而提取更加丰富全面的特征（见图 5.67b）。

多头注意力计算过程与自注意力计算过程相似，不同点在于它会根据注意力头的数目 h 对查询向量、键值向量和值向量进行均等拆分，即 $d_{q'} = d_{k'} = d_{v'} = d/h$。由上述方法得到每一个注意力头对应的 Q_i、K_i、V_i 参数，紧接着针对每个头使用自注意力相同的计算方法得到对应的结果，最后将每个头得到的结果进行拼接，将拼接后的结果通过进行融合，以合并所有子空间中的注意力信息。

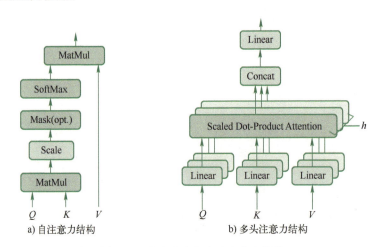

a) 自注意力结构　　　　b) 多头注意力结构

图 5.67　自注意力与多头注意力结构

通过线性变换，将输入的词向量（或短语向量）映射到多个不同的子空间上，以便在不同注意力头之间进行独立学习。这样做可以使得每个注意力头都能够发现不同的语义信息，从而提取更多的特征。

接下来，对于每个注意力头，通过计算注意力权重来衡量输入信息中的关联程度。这里通常使用点积注意力或加性注意力来计算注意力权重。点积注意力是通过计算查询向量和键向量的内积来得到注意力权重,而加性注意力则通过将查询向量和键向量映射到相同的维度后再计算内积来得到注意力权重。

将每个注意力头得到的加权表示进行合并,得到最终的多头注意力表示。合并的方式可以是简单地将各个头的表示进行拼接,也可以通过线性变换来得到更复杂的表示。

多头注意力机制的优势在于能够捕捉到不同层次的语义信息。比如,在机器翻译任务中,低层次的注意力头可能会关注输入句子的词级别信息,而高层次的注意力头则可能会关注句子级别的信息。这种层次化的关注机制能够更好地捕捉到句子和词之间的依赖关系,提升模型的翻译性能。

多头注意力机制还具有一定的并行性。由于每个注意力头都是独立学习的,因此可以在计算上并行处理,提高了模型的训练和推理效率。

总结来说,多头注意力机制是一种有效的模型架构,能够在自然语言处理任务中充分利用输入信息的关联和依赖关系。通过引入多个注意力头,它能够提取更多的语义特征,提升模型的表达能力和性能。同时,多头注意力机制还具有层次化的关注机制和并行处理的优势。在未来的研究中,我们可以进一步探索多头注意力机制在其他领域的应用,为更复杂的任务提供更强大的建模能力。

更详细信息参考:https://baijiahao.baidu.com/s?id=1651219987457222196&wfr=spider&for=pc。

5. Transformer 优势

(1)高效的并行计算能力

Transformer 模型采用自注意力机制进行信息的交互与传递,这种机制允许模型在处理序列数据时关注到不同位置的信息。由于这种注意力机制的计算可以并行进行,因此 Transformer 模型具有极高的计算效率和并行处理能力。在大规模数据集的训练中,这一优点得以充分体现,使得模型能够在短时间内学习到更多的数据特征。

(2)强大的表示能力

由于 Transformer 模型可以有效地捕获输入数据的全局信息,因此它具有强大的表示能力。在 NLP 领域,Transformer 模型已被证明在语言建模、翻译等任务中取得了显著的性能提升。通过结合其他技术,如预训练语言模型(BERT、GPT 等),Transformer 模型的表示能力得到了进一步增强。

(3)适应长序列数据

传统的 RNN 和 LSTM 在处理长序列数据时,容易遭遇梯度消失或梯度爆炸的问题。而 Transformer 模型采用自注意力机制,避免了这些问题,使得模型能够更好地适应长序列数据。这一优点在处理诸如语音信号、长时间序列数据等任务时具有显著优势。

5.5.5 AIGC

大模型赋能、生成式人工智能(Artificial Inteligence Generated Content,AIGC)正在引发新一轮智能化浪潮。得益于拥有庞大的数据、参数以及较好的学习能力,大模型增强了人工智能的通用性。从与人顺畅聊天到写合同、剧本,从检测程序安全漏洞到辅助创作游戏甚至电影……AIGC 本领加速进化。随着技术迭代,更高效、更"聪明"的大模型将渗透到越来越多的领域，有望成为人工智能技术及应用的新基座，变成人们生产生活的基础性工具，进而带来经济社会发展和产业的深刻变革。人工智能大模型强大的创新潜能，使其成为全球竞争的焦点之一。

从定义上看，AIGC 既是一种内容形态，也是一种内容生成的技术合集。与 AIGC 相对应的分析式 AI 是完成特定任务的智能系统（见图 5.68）。

图 5.68　分析式 AI 与 AIGC

1. AIGC 的发展历程

AIGC 技术的突破性进展引发内容生产方式变革，内容生产由专业制作（PGC）和用户创作（UGC）时代步入 AIGC 时代。AIGC 顺应了内容行业发展的内在需求，一方面内容消费量增加，急需降低生产门槛，提升生产效率；另一方面用户端表达意愿明显上升，消费者对内容形态要求更高，内容生成个性化和开放化趋势明显。

AIGC 发展历程见图 5.69。

从技术上看，生成算法、预训练模型、多模态技术是 AIGC 发展的关键。算法接收数据，进行运算生成预训练模型，多模态技术则是将不同模型融合的关键。

AIGC 起源于 20 世纪 50 年代，经过多年发展，在 2022 年 AIGC 产品集中发布，引发社会广泛关注。

AIGC 起源于 20 世纪 50 年代，莱杰伦·希勒和伦纳德·艾萨克森完成历史上第一首由计算机创作的音乐作品《依利亚克组曲》，但受制于技术水平，截至 20 世纪 90 年代中期，AIGC 均仅限于小范围实验。

20 世纪 90 年代中期至 21 世纪 10 年代中期，是 AIGC 的沉淀积累阶段，AIGC 逐渐从实验向实用转变，但受限于算法瓶颈，效果仍有待提升。

2010 年以来，伴随着生成算法、预训练模型、多模态技术的迭代，AIGC 得到了快速发展，直到 2022 年多款产品出圈。

2022 年 8 月，Stability AI 发布 Stable Diffusion 模型，为后续 AI 绘图模型的发展奠定基础，由 Midjourney 绘制的"太空歌剧院"在美国科罗拉多州艺术博览会上获得"数字艺术"类别的冠军，引发社会广泛关注。

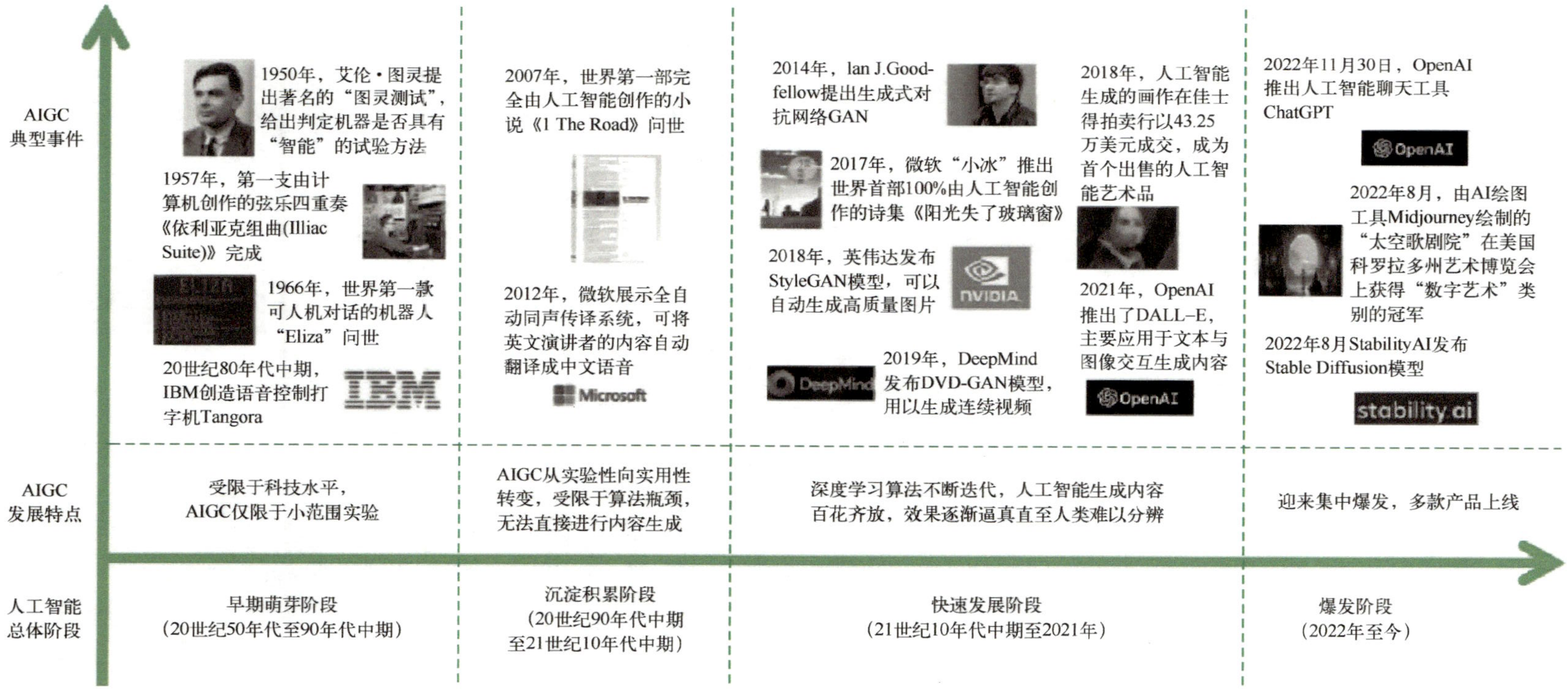

项目 5 让机器拥有"理解语义"能力——图像处理与识别

AIGC 典型事件

- 1950年,艾伦·图灵提出著名的"图灵测试",给出判定机器是否具有"智能"的试验方法
- 1957年,第一支由计算机创作的弦乐四重奏《依利亚克组曲(Illiac Suite)》完成
- 1966年,世界第一款可人机对话的机器人"Eliza"问世
- 20世纪80年代中期,IBM创造语音控制打字机Tangora

- 2007年,世界第一部完全由人工智能创作的小说《1 The Road》问世
- 2012年,微软展示全自动同声传译系统,可将英文演讲者的内容自动翻译成中文语音

- 2014年,Ian J.Goodfellow提出生成式对抗网络GAN
- 2017年,微软"小冰"推出世界首部100%由人工智能创作的诗集《阳光失了玻璃窗》
- 2018年,StyleGAN模型发布,可以自动生成高质量图片
- 2019年,DeepMind发布DVD-GAN模型,用以生成连续视频

- 2018年,人工智能生成的画作拍卖行以43.25万美元成交,成为首个出售的人工智能艺术品
- 2021年,OpenAI推出了DALL-E,主要应用于文本与图像交互生成内容
- 2022年11月30日,OpenAI推出人工智能聊天工具ChatGPT
- 2022年8月,由AI绘制工具Midjourney绘制的"太空歌剧院"在美国科罗拉多州博览会上获得"数字艺术"类别的冠军
- 2022年8月 Stability AI发布Stable Diffusion模型

AIGC 发展特点

- 受限于科技水平,AIGC仅限于小范围实验
- AIGC从实验性向实用性转变,受限于算法瓶颈,无法直接进行内容生成
- 深度学习算法不断迭代,人工智能生成内容百花齐放,效果逐渐逼真至人类难以分辨
- 迎来集中爆发,多款产品上线

人工智能总体阶段

- 早期萌芽阶段(20世纪50年代至90年代中期)
- 沉淀积累阶段(20世纪90年代中期至21世纪10年代中期)
- 快速发展阶段(21世纪10年代中期至2021年)
- 爆发阶段(2022年至今)

图 5.69 AIGC 发展历程

181

2022年11月，OpenAI推出基于GPT-3.5与人类反馈强化学习（RLHF）机制的ChatGPT，推出仅2月日活用户数超出1300万。据福布斯报道，2023年1月OpenAI的估值从2021年的140亿美元提升到2023年1月的290亿美元。

2023年2月7日，谷歌正式发布下一代AI对话系统Bard，此外谷歌还投资ChatGPT的竞品Anthropic。同一天，百度发布了大模型新项目文心一言，并在2023年3月将最初的版本嵌入到搜索服务中。

2024年2月15日，OpenAI发布人工智能文生视频大模型Sora，Sora继承了DALL-E 3的画质和遵循指令能力，可以根据用户的文本提示创建逼真的视频，该模型可以深度模拟真实物理世界，能生成具有多个角色、包含特定运动的复杂场景，能理解用户在提示中提出的要求，还理解这些物体在物理世界中的存在方式。Sora为需要制作视频的艺术家、电影制片人或学生带来无限可能。Sora是OpenAI"教AI理解和模拟运动中的物理世界"计划的其中一步，也标志着人工智能在理解真实世界场景并与之互动的能力方面实现飞跃。

2. AIGC与大模型的关系

随着以ChatGPT为代表的开创性生成式智能应用的迅速普及，大模型正在变革人们与机器的交互手段，推动新一轮内容创新和内容生成产业演进。

（1）AIGC与大模型之间的关系

1）AIGC是建立在深度学习技术基础之上的。深度学习是一种人工智能技术，它通过模拟人脑神经元的工作方式，对大量数据进行学习，从而实现对复杂任务的自适应处理。大模型作为深度学习的一种重要形式，为AIGC提供了强大的技术支持。

2）AIGC与大模型在内容创作方面有着密切的联系。大模型具有处理自然语言的能力，可以对文本进行理解和生成。而AIGC正是利用这种能力，通过深度学习技术，实现对内容的自动生成。大模型为AIGC提供了强大的自然语言处理能力，使得AIGC在内容创作方面具有更高的效率和准确性。

3）AIGC与大模型在应用领域上有着广泛的重合。无论是自然语言处理，还是计算机视觉，大模型都取得了显著的成果。而AIGC正是将这种能力应用到内容创作领域，为内容产业带来了全新的可能。

总的来说，AIGC与大模型之间的关系是紧密的。大模型为AIGC提供了强大的技术支持，使得AIGC在内容创作方面具有更高的效率和准确性。同时，AIGC也推动了大模型的发展，为人工智能领域带来了新的发展机遇（见图5.70）。

图5.70 AIGC与大模型的关系

在未来，随着大模型和AIGC技术的进一步发展，我们可以期待更多有趣的应用场景。例如，通过AIGC，可以实现对大量文本的自动生成，提高内容创作的效率；通过大模型，可以实现对图像、视频等内容的自动理解，提高内容创作的质量。

（2）大模型使得 AIGC 有了更多的可能

1）视觉大模型提高了 AIGC 的感知能力。

2）语言大模型增强了 AIGC 的认知能力。

3）多模态大模型升级了 AIGC 的内容创作能力。

3. AIGC 给传统生产模式带来的革新

AIGC 已催生了营销、设计、建筑和内容领域的创造性工作，并开始在生命科学、医疗、制造、材料科学、媒体、娱乐、汽车、航空航天等领域进行初步应用，为各个领域带来巨大的生产力提升。应用场景不断增加和拓展，将在内容生产中产生变革性影响，主要有以下几点。

1）自动内容生成，提升内容生产效率，降低内容生产门槛和内容制作成本。当前大量文本、图像、音频、视频等内容都可以通过 AIGC 技术自动生成，高效的智能创作工具可以辅助艺术、影视、广告、游戏、编程等创意行业从业者提升日常内容生产效率。

2）提升内容质量，增加内容多样性。AIGC 生成的内容可能比普通人类创建的内容质量更高，大量数据学习积累的知识可以产生更准确和信息更丰富的内容，谷歌 Imagen 生成的 AI 绘画作品效果已经接近中等画师水平。

3）AIGC 可以替代创作者的可重复劳动，帮助有经验的创作者捕捉灵感，创新互动形式，助力内容创新。

4）AIGC 将搜索转化为"对话式"的搜索，用户在与聊天机器人的互动中最终得到满意的答案，ChatGPT 和搜索引擎结合以后，可以为用户的问题提供答复完好的语句（精准），而不仅仅是泛化的信息链接（模糊）。例如，新版 BING 中，用户单击搜索栏的"聊天"选项即可通过与 AI 聊天的方式获得答案或建议，还可以通过和搜索框对话来调整答案，从而达到更精准的搜索效果。

5）AIGC 技术可有效代替人类对已有信息进行语言整合、文字输出，与资讯平台类的数字媒体高度适配。BuzzFeed 宣布使用 OpenAI 开放的 API 协助创作内容，并将由 AI 创造的内容从研发阶段转变为核心业务的一部分，具体做法是利用 AI 技术创建面对用户的个性测验，并根据用户反应生成个性化的文本内容。

6）AIGC 有望帮助企业实现提高服务质量降本增效。2022 年 9 月，LivePerson 在引入 AI 技术后，品牌方可以在几毫秒内根据历史数据模式将个人与客服人员匹配，考虑因素包括客户的产品使用情况、使用年限，以及过去与该公司联系的原因。该过程考虑了客服人员信息，例如他们如何处理类似的信息互动，以尽可能达成积极的客户-客服人员体验，获得有效结果。

7）数字人有望打开市场，广泛应用在电商直播、新闻播报、接待指引、展览展示等场景中，目前已有实际案例。电商直播：利用 AI 虚拟人物技术+动态捕捉技术，在内容和营销上进行创新，提高转化，增加效益。新闻播报：AI 虚拟主播已经广泛地应用于各类播报场景，智能 AI 虚拟主播能够相对理性和客观地对新闻展开简单评述，播出效果稳定，减少人工错误。接待指引：AI 虚拟数字人化身为智能接待员、智能导购，运用于为顾客解答疑问，以及商品推介上，回答常见问题和特定交易问题。展览展示：AI 虚拟数字人结合展区虚拟迎宾电子荧幕，化身为解说员，提供讲解服务。

8）AIGC 将颠覆或改变许多产业（见图 5.71）。

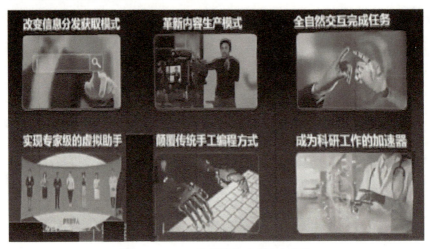

图 5.71　AIGC 将颠覆或改变许多产业

项目 6 让人机沟通更加自然——自然语言处理

用自然语言与计算机进行通信,这是人们长期以来所追求的。因为它既有明显的实际意义,同时也有重要的理论意义:人们可以用自己最习惯的语言来使用计算机,而无须再花大量的时间和精力去学习不很自然和习惯的各种计算机语言;人们也可通过它进一步了解人类的语言能力和智能的机制。

与图片数据不同,文本数据不能够直接进行数值向量化作为机器学习模型的输入。因此,自然语言处理任务的第一步就是将文本格式的数据转换成模型可以处理的数值向量格式,这一技术被称为词嵌入技术。

任务 6.1 文案写作——让 AI 生成一份教案

【任务描述】

教案,也称课时计划,是教师经过备课,以课时为单位设计的具体教学方案,是上课的重要依据。教案通常包括班级、学科、课题、上课时间、课的类型、教学方法、教学目的、教学内容、课的进程和时间分配等。有的教案还列有教具和现代化教学手段(如电影、投影、录像、录音等)的使用、作业题、板书设计和课后自我分析等项目。

在教案书写过程中,教学过程是关键,它通常包括导入新课、设计教学内容、选择教学方法与手段、布置作业、设计板书以及确定教具使用等环节。其中,导入新课要设计得新颖活泼,能够引起学生的兴趣;教学内容应根据教学目标和教材内容进行设计;教学方法与手段应注重培养学生的综合语言运用能力,激发学生的学习兴趣;板书设计应简洁明了,突出重点。

通过教案的编写,教师可以对教学过程进行回顾和总结,发现教学中存在的问题和不足,进而进行改进和提高。

此外,不同学科和年级的教案编写也会有所不同。例如,语文教案可能更注重培养学生的阅读、写作、口语等能力;数学教案可能更注重培养学生的逻辑思维和问题解决能力;英语教案则可能更注重培养学生的语言综合运用能力。同时,根据学生的年龄和特点,教案的编写也要有所调整，确保教学目标的达成和教学效果的优化。

本任务是让 AI 完成一份教案，关键是如何向计算机提交高效的 prompt。其他文案写作与教案写作类似。

文案写作 AI 工具很多，如 ChatGPT、爱制作 AI、文案之星、创意写手、写作灵感宝盒、写作达人 AI、创客 AI 文案、AI 创作家、聪明灵犀、秘塔写作猫、搭画快写、文心一言等，它们都能根据用户的需求自动生成文案。

6.1.1 新一代人机交互工具 ChatGPT

ChatGPT（Chat Generative Pre-Trained Transformer）是 2022 年 11 月 30 日 OpenAI 推出的一款对话式 AI 模型，其功能更全面、更类人，潜在应用空间更为广泛。由于 ChatGPT 展现了超出现实预期的智能数据能力，引发了一场新的全球人工智能竞赛。

ChatGPT 实际上是一个对话聊天机器人，交互界面简洁，只有一个输入框，ChatGPT 根据输入内容进行回复，并允许在一个语境下持续聊天（见图 6.1）。ChatGPT 能在绝大部分知识领域给出专业回答，同时对输入的理解能力和包容度高。无论是让 ChatGPT 写首押韵的诗、检查代码的 bug、回答科学问题、文生图都不在话下。

图 6.1 ChatGPT 示例

1. ChatGPT 特点

1）敢于质疑，如果用户在提出的问题里面有错误，ChatGPT 会质疑你的提问是否正确。

2）承认无知，当 ChatGPT 无法回答用户的问题时，ChatGPT 会承认"我不知道这个问题的答案该怎么回答"。

3）支持连续多轮对话，即用户和 ChatGPT 聊天能够进行多轮的讨论，好像和一个朋友，你一句我一言，持续地讨论下去，有一种真实聊天的感觉。

4）主动承认错误。如果 ChatGPT 的回答里面有一些错误，被用户指出来的时候，

ChatGPT 会主动承认说,这个地方我回答得不对,我需要再重新思考一下,再给你相应的答案。

5)能够大幅度地提升准确性。也就是说,用户的问题,ChatGPT 基本都能够答对,比之前的对话聊天机器人提升了不止一个档次。

6)能够理解上下文。这可以从两个方面来讲。第一个方面就是当用户提供大段的文字,ChatGPT 可以对这些大段的文字进行一个很好的理解,然后回答,比如总结文章的摘要。第二个方面是在多轮对话中,ChatGPT 可以回顾在过去的聊天里面对话的含义,用来支持用户当前对话回答,使得当前的对话很自然。

7)大幅度提升对用户意图的理解。用户问的问题,也许有时候是不准确的,或者描述不清楚。但是 ChatGPT 能够很好地理解用户的意图,知道用户想问为什么,然后,ChatGPT 会给出相应的正确答案。

8)创造是 ChatGPT 的核心。ChatGPT 的本质是对生产力的大幅度提升和创造。ChatGPT 通过从数据中学习要素,进而生成全新的、原创的内容或产品,不仅能够实现传统 AI 的分析、判断、决策功能,还能够实现传统 AI 力所不及的创造性功能。

2. ChatGPT 发展历程

ChatGPT 并非是对话式 AI 模型首创,事实上很多组织在 OpenAI 之前就发布了自己的语言模型对话代理,包括 Meta 的 BlenderBot、Google 的 LaMDA、DeepMind 的 Sparrow,以及 Anthropic 的 Assistant。ChatGPT 的发展历程见图 6.2。

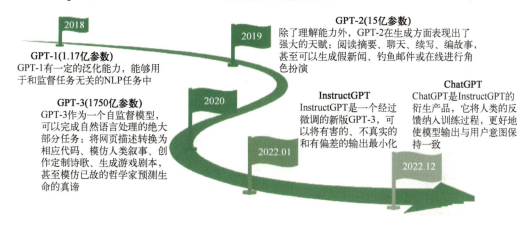

图 6.2　ChatGPT 的发展历程

ChatGPT 的发展历程可以分为以下几个阶段。

2015 年:马斯克等人投资的非营利人工智能公司 OpenAI 成立,即 ChatGPT 的母公司。

2019 年:OpenAI 提升了 GPT-2、GPT-3 语言模型,微软于 2020 年 9 月 22 日取得独家授权。

2022 年:OpenAI 正式推出了 GPT-4,这是多模态大模型,即支持图像和文本输入以及文本输出,拥有强大的识图能力。

2023 年:Creators of ChatGPT(OpenAI)发布了一个新的自然语言处理工具——

ChatGPT，这款具有革命性意义的产品迅速在社交媒体上走红。

2023 年以后：Microsoft 计划在其所有产品线上集成 ChatGPT。

3．ChatGPT 适用场景

ChatGPT 可以进行从历史到哲学等话题的对话，生成不同风格的文案、文章、歌词、诗歌，甚至直接生成计算机代码，或者对已有的计算机程序代码提供修改建议。ChatGPT 也能处理视觉信息，诸如回答关于照片内容的问题。

图 6.3 是 ChatGPT 的法律应用场景。

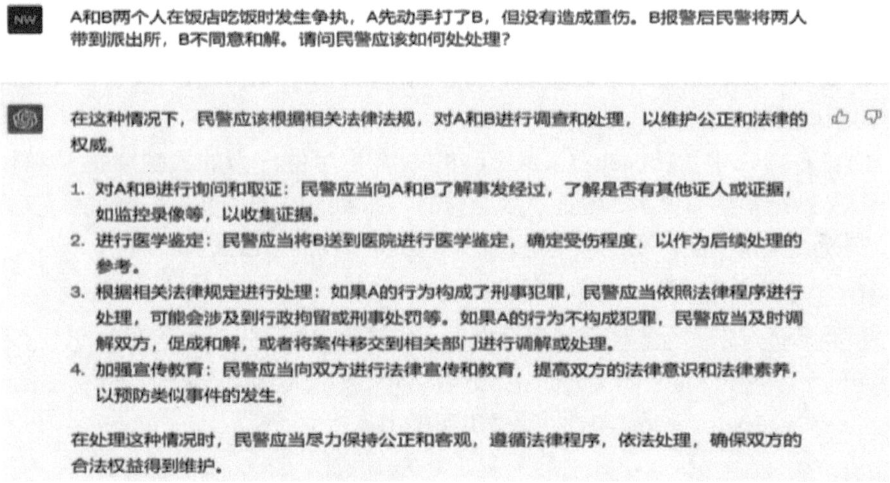

图 6.3　ChatGPT 的法律应用场景

图 6.4 为复旦大学邱锡鹏教授的研究成果，ChatGPT 在高考试卷客观题分析中的表现。

ChatGPT 在2022年高考全国试卷客观题上的表现		
	得分率	准确率
语文	—	—
英语	93.0/95	56/60
地理	24/36	6/9
政治	44/48	11/12
历史	24/40	6/10
数学（理）	30/50	6/10
数学（文）	35/55	7/11
物理	0/12	0/2
化学	6/42	1/7
生物	18/30	3/5
合计	274/408=67%	96/126=76%

客观题：在排除了坏样本（带图题，听力题等）之后，在全部126个样本数可以达到76%的准确率和67%的得分率，其客观题能力与两名500分左右的高考生（文科和理科各一名）相当。

主观题：对ChatGPT结果的人工打分，在文科综合（历史、地理、政治）试卷上取得了不错的成绩（得分率达78%），生物试卷的得分率为50%，而在数学、物理、化学、历史试卷上的表现则不佳（得分率低于30%）。

图 6.4　ChatGPT 在高考试卷客观题分析中的表现

图 6.5 是 ChatGPT 官网列举的一些应用。

项目 6　让人机沟通更加自然——自然语言处理

图 6.5　ChatGPT 应用场景

4．ChatGPT 核心逻辑

ChatGPT 背后的技术是深度学习和自然语言处理技术。

（1）深度学习

深度学习是机器学习的一个子集，它使用神经网络来建模和解决复杂问题。模型训练是 ChatGPT 的关键技术。神经网络是一组可以识别数据模式的算法，它通过使用反向传播调整网络的权重和偏差来训练。数据集越大，神经网络越深，模型的性能越好。

（2）转换器架构

GPT 的意思是生成式预训练转换器（Generative Pre-Trained Transformer）。转换器（Transformer）是在数据序列中寻找长程模式的专门算法。Transformer 不仅能学会预测一个句子中的下一个词，还能学会预测一个段落中的下一个句子以及一篇文章中的下一个段落。这就是为什么它能够在长文本中紧扣主题。

（3）语言建模

语言建模是自然语言处理中用于预测单词序列概率分布的一种技术。它用于训练 ChatGPT 模型，在给定前一个单词上下文的情况下预测下一个单词。这是通过给模型输入一个单词序列，让它预测序列中的下一个单词来实现的，然后对模型进行训练，使其预测结果与序列中实际下一个单词之间的差异最小化。

（4）预训练

预训练是深度学习中使用的一种技术，用于在大型数据集上训练模型，然后在较小的数据集上对其进行微调以执行特定任务。对于 ChatGPT 来说，模型在大量文本数据（如书籍或文章）上进行预训练，以学习一般语言模式和单词之间的关系。这种预训练是使用无监督学习完成的，这意味着在没有任何特定标签或目标的情况下训练模型。

（5）微调

微调是深度学习中使用的一种技术，通过在具有特定标签或目标的较小数据集上训练预训练模型，使其适应特定任务。以 ChatGPT 为例，预先训练的模型在会话数据集上进行微调，以学习如何对特定输入生成类似人类的响应。微调允许模型适应特定的任务并提高其性能。

（6）生成式建模

生成式建模是一种用于深度学习的技术，用来生成与训练数据相似的新数据样本。在 ChatGPT 的情况下，生成式建模用于生成对用户输入的响应。对模型进行训练，以生成与训练数据相似的响应，但对于给定的输入也是唯一的、合适的。

（7）注意力机制

注意力机制是自然语言处理中使用的一项关键技术，它允许模型关注输入序列的不同部分。转换器架构中使用注意力机制来计算输入序列中每个单词的重要性，以便预测下一个单词。这使得模型能够专注于输入序列中最相关的部分，并捕获单词之间的长期依赖关系。

6.1.2 低代码编程新范式 Prompt

1. Prompt 概念

ChatGPT、百度 AI 文心一言等大模型的出现，标志目前机器学习大模型到达了新的高度。受到 ChatGPT 等工作的启发，兴起了提示学习（Prompt）。

Prompt 是 "PRedictive OPTimization with Machine Learning" 的缩写，翻译为"机器学习预测优化"。Prompt 技术也称为提示学习，通常通过将问题转换为特定格式的输入，将人工智能模型的输入限制在一个特定的范围内，从而让机器能够更好地理解任务，控制模型的输出，自动生成人类语言式的文本。

举个例子：如果把 AI 模型比作一名员工，Prompt 就相当于给员工的具体指令（见图 6.6）。指令的明确性和详细性决定了模型的输出效果。

图 6.6　Prompt 示意图

2. Prompt 模式

设计 Prompt 可以通过手工设计模式，也可以自动学习模式。

（1）特定模式

在这种模式下，给模型提供一些特定信息，例如问题或关键词，模型需要生成与这些信息相关的文本。这种模式通常用于生成答案、解释或推荐等。特定信息可以是单个问题或多个关键词，具体取决于任务的要求。如：

翻译一下：Prompt Engineering？

告诉我"Prompt Engineering"的定义？

在这种模式下，AI 可以帮助完成补全句子、文字翻译、文本摘要、问答和对话等任务,这是最常用的 Prompt 模式。

(2) 指令模式

在这种模式下,给模型提供一些明确的指令,模型需要根据这些指令生成文本。这种模式通常用于生成类似于技术说明书、操作手册等需要明确指令的文本。指令可以是单个句子或多个段落,具体取决于任务的要求。如:

给我推荐三本中文的科幻小说。

推荐格式:1. 书名;2. 作者;3. 主要内容;4. 推荐理由。

(3) 角色模式

角色模式是指用户可以要求 ChatGPT 以特定的身份、角色扮演某个特定的人、角色或对象来生成回答。这种模式通常用于模拟某个特定人物的语言风格和语境,生成特定情境下的对话、回答或其他形式的文本。如:

描述秋天,由于小学生、大学生、老年人的身份不同,各自描述的内容有很大的不同,而 AI 对身份和角色的把握还是很准确的。因此,在提问前告诉 ChatGPT 你的身份很重要。

(4) 示例模式

在这种模式下,给模型提供一些示例文本,模型需要生成与示例文本类似的文本。这种模式通常用于生成类似于给定示例的文本,例如自动生成电子邮件、产品描述、新闻报道等。示例文本可以是单个句子或多个段落,具体取决于任务的要求。

问:为了用好 ChatGPT 等 AI 工具,最近大家都在学习 Prompt 的知识,很多人废寝忘食,请参照下面的格式写一段话:近期互联网上出现了__,放牛娃也看到__,知道大家很__,放牛娃忍不住啰嗦几句,虽然确实存在部分__,但是__,最后放牛娃呼吁__。

答:近期互联网上出现了对 Prompt 的学习热潮,放牛娃也看到很多人为了用好 ChatGPT 等 AI 工具而废寝忘食地学习 Prompt 的知识,知道大家很认真地在探索和学习这项新技术。放牛娃忍不住啰唆几句,虽然学习 Prompt 确实是使用 AI 工具的前提之一,但更重要的是要理解自己的需求和问题,将 Prompt 和 AI 工具结合起来,才能发挥出 AI 工具的最大价值。此外,我们还需要注意数据的质量和隐私保护,以及与 AI 工具交互的方式和方法等方面。最后放牛娃呼吁大家要保持学习的热情,并在实践中不断总结和提高,让 AI 技术更好地为我们服务。

在应用中,也可以是这几种模式的变种或者组合。

3. Prompt 作用

(1) 设置 Prompt 对于生成高质量的文本非常重要

例如,如果想要 ChatGPT 生成一篇科技新闻,可以给出类似于"请写一篇关于人工智能的新闻"的 Prompt。这个 Prompt 会帮助 ChatGPT 更好地理解所需要的内容,并且生成更加符合要求的文本。

(2) 设置 Prompt 还可以帮助我们控制 ChatGPT 生成文本的方向

例如,"请写一个惊险刺激的故事"的 Prompt。这样,可以在一定程度上控制 ChatGPT 生成文本的风格和内容,从而得到我们想要的结果。

(3) 设置 Prompt 也可以帮助我们提高 ChatGPT 的交互能力

例如,可以通过设置"角色"来引导 ChatGPT 与我们进行对话,可以给出类似于"假设你是 A,我是 B,我们来玩游戏",然后 ChatGPT 会根据"角色"进行回答。这样的交互过程可以增加 ChatGPT 的趣味性和可玩性。

（4）设置 Prompt 时需要注意 Prompt 的清晰度和准确性

如果 Prompt 不够清晰或准确，ChatGPT 可能会生成不符合要求的文本，或者生成无意义的内容。因此，在设置 Prompt 时，需要认真考虑我们需要什么样的文本，然后给出尽可能清晰和准确的 Prompt。

4. 写好 Prompt 的法则

写好 Prompt 的法则主要包括以下几个方面。

（1）明确目标与意图

1）在开始编写 Prompt 之前，首先要明确目标是什么，希望 ChatGPT 做出什么样的反应或行为。

2）确定意图，是希望 ChatGPT 回答问题、提供信息、进行创作，还是其他。

（2）使用清晰简洁的语言

1）使用易于理解、不含歧义的词汇和短语。

2）避免使用复杂或专业性的术语，除非目标受众是特定领域的专家。

（3）提供足够的上下文

1）确保 Prompt 中包含了足够的信息，以便 ChatGPT 能够理解问题的背景和范围。

2）如果可能，提供相关的背景信息或示例，帮助 ChatGPT 更好地理解和响应。

（4）保持开放性和灵活性

1）尽量避免在 Prompt 中设置过于严格或具体的限制，这可能会限制 ChatGPT 的创造性和参与度。

2）允许 ChatGPT 以自己的方式回应，而不是强制按照特定的格式或结构回答。

（5）激发兴趣和好奇心

1）使用引人入胜的开头，吸引用户的注意力。

2）尝试在 Prompt 中引入一些有趣的元素或悬念，激发用户的好奇心和参与欲望。

（6）考虑文化和敏感性

1）在编写 Prompt 时，要考虑到不同用户的文化背景和敏感点。

2）避免使用可能引起争议或冒犯的语言。

（7）测试和修改

1）在实际应用之前，对 Prompt 进行测试，看看它是否能够达到预期效果。

2）根据测试结果进行修改和优化，直到得到一个满意的 Prompt。

（8）保持一致性

1）如果在多个地方使用类似的 Prompt，确保它们之间的风格和语言保持一致。

2）这有助于建立品牌形象，并增强用户对 ChatGPT 的信任感。

【实施过程】

1. 文心一言解决方案

Prompt：你是一名资深教师、教育专家，持有教师资格证、博士学历、高级技师证书，一级心理咨询师，有 30 年大学教学的丰富经验，我将提供给你"教案：教案的标题"，请帮我生成一份教案，以"教学目标""教学重点""教学难点""教学内容""教学方法""教学工具""教学过程""时间分配""教师活动""学生活动""课后评价与反思"为结构进行内容生成。注意使用第三人称语言，但不要编造虚假内容和臆想，如果是你推断出的内容，请特别标注出是推断而不是事实。请问，您是否理解到了我的意图？如果理解，请直接回复例如“是的，我理解到了您的意图，请提供教案的标题”的肯定答复。

当输入标题“圆的方程”，则输出结果见图 6.7～图 6.9。

《圆的方程》教案

教学目标：

1. 知识与技能：掌握圆的标准方程和一般方程，能够根据不同的条件求出圆的方程。
2. 过程与方法：通过实例分析，引导学生理解圆方程的建立过程，培养学生的逻辑思维能力和空间想象能力。
3. 情感态度与价值观：激发学生对几何图形的兴趣，培养学生的数学审美观念，增强数学应用意识。

教学重点：

1. 圆的标准方程和一般方程的理解与掌握。
2. 根据已知条件确定圆的方程。

教学难点：

1. 灵活运用圆的标准方程和一般方程解决实际问题。
2. 理解圆方程中参数的意义及其与圆的位置、大小的关系。

教学内容：

1. 圆的标准方程（x-a）²+（y-b）²=r²的推导与解释。
2. 圆的一般方程x²+y²+Dx+Ey+F=0的转化与理解。
3. 根据圆心坐标和半径求圆的方程。
4. 根据圆上三点坐标求圆的方程。

教学方法：

1. 讲授法：系统讲解圆方程的理论知识。
2. 演示法：通过多媒体展示圆的图形和方程的建立过程。
3. 练习法：通过大量练习巩固所学知识。

图 6.7　输出教案效果（1）

教学工具：

1. 黑板或白板及书写工具。
2. 多媒体课件，包含圆的图形、动画演示和例题。
3. 练习册或习题纸。

教学过程：

一、导入新课

通过展示一些圆的图形，引导学生回顾圆的基本性质，引出圆方程的概念。

二、讲授新课

1. 圆的标准方程
   （1）讲解圆的标准方程（x-a）²+（y-b）²=r²的推导过程。
   （2）解释方程中各参数（a, b, r）的意义。
   （3）通过例题演示如何根据圆心坐标和半径求圆的方程。
2. 圆的一般方程
   （1）介绍圆的一般方程x²+y²+Dx+Ey+F=0。
   （2）讲解如何将一般方程转化为标准方程。
   （3）通过例题演示如何根据圆上三点坐标求圆的方程。

三、巩固练习

1. 布置练习题，让学生独立完成。
2. 巡视指导，及时解答学生疑问。

图 6.8　输出教案效果（2）

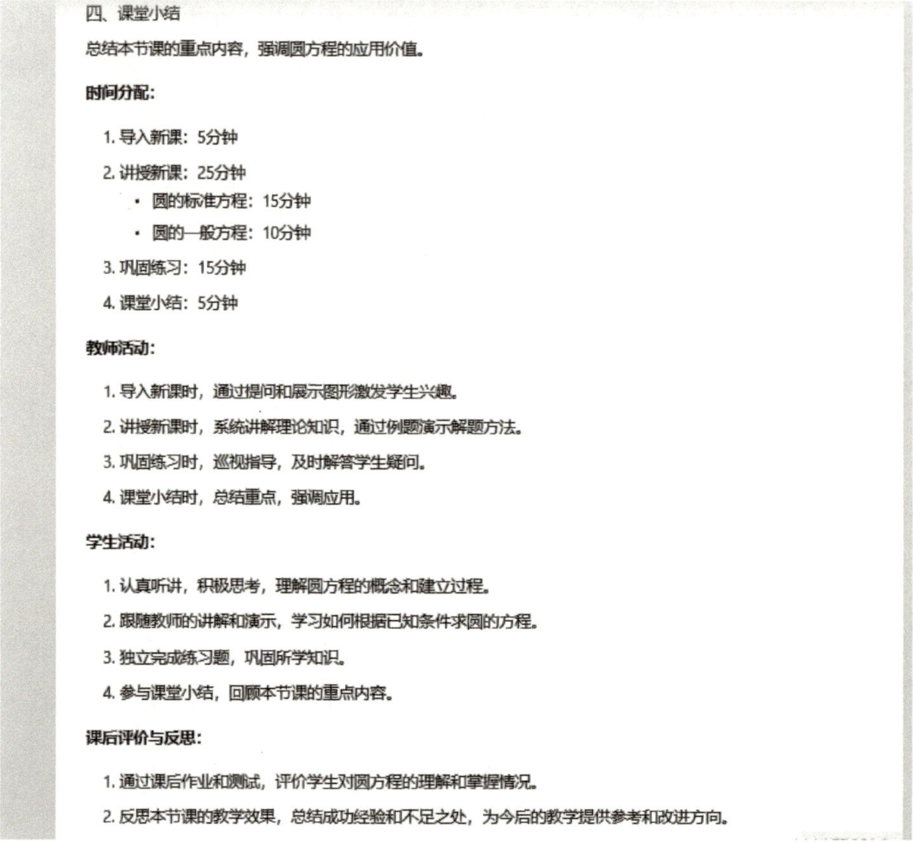

> **四、课堂小结**
> 总结本节课的重点内容，强调圆方程的应用价值。
>
> **时间分配：**
> 1. 导入新课：5分钟
> 2. 讲授新课：25分钟
>   - 圆的标准方程：15分钟
>   - 圆的一般方程：10分钟
> 3. 巩固练习：15分钟
> 4. 课堂小结：5分钟
>
> **教师活动：**
> 1. 导入新课时，通过提问和展示图形激发学生兴趣。
> 2. 讲授新课时，系统讲解理论知识，通过例题演示解题方法。
> 3. 巩固练习时，巡视指导，及时解答学生疑问。
> 4. 课堂小结时，总结重点，强调应用。
>
> **学生活动：**
> 1. 认真听讲，积极思考，理解圆方程的概念和建立过程。
> 2. 跟随教师的讲解和演示，学习如何根据已知条件求圆的方程。
> 3. 独立完成练习题，巩固所学知识。
> 4. 参与课堂小结，回顾本节课的重点内容。
>
> **课后评价与反思：**
> 1. 通过课后作业和测试，评价学生对圆方程的理解和掌握情况。
> 2. 反思本节课的教学效果，总结成功经验和不足之处，为今后的教学提供参考和改进方向。

图 6.9　输出教案效果（3）

2．其他工具

（1）Nation AI

Nation AI 是一款写作助手，主要功能包括写作、编辑、总结等，可以自动生成文章、会议日程、新闻报道、社交媒体文案等，也可以将它作为一个编辑器，检查拼写、语法、翻译上的错误。

网页地址：https://www.notion.so/product/ai。

（2）讯飞听见

讯飞听见是一款写作助手，支持导入素材写作、场景化写作等一键生成初稿，同时也可以进行文章改写和词句翻译。

网页地址：https://www.iflyrec.com。

（3）笔灵 AI

笔灵 AI 是一款创作工具，可以一键生成工作计划、营销方案、简历修改等文案内容，同时支持文档续写、修改、扩展及润色，在必要的时候还可以查询资料和充当翻译。

网页地址：https://ibiling.cn。

（4）万彩 AI（图片视频文案）

比较有意思的一点是，万彩 AI 会根据不同平台的特点，对应生成不同文风的内容，比如公众号文章、今日头条文章、百家号资讯等，同时提供热点选题参考、文案润色、SEO 文章优化等功能。

网页地址：https://ai.kezhan365.com。

（5）火山写作 WritingGo

火山写作 WritingGo 支持全文润色的 AI 智能写作服务，包括但不限于修改论文、撰写自媒体文案、润色文章、语句纠错等。只需要将想要润色、修改的文本输入进对话框，单击"一键优化"后，就能自动识别文本类型。

网页地址：https://www.writingo.net。

【知识拓展】

6.1.3 自然语言处理概述

1. 自然语言处理发展历程

自然语言处理发展历程见图 6.10。

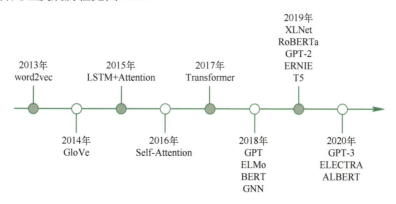

图 6.10 自然语言处理发展历程

（1）萌芽期：机器翻译的初期尝试

20 世纪 50 年代，自然语言处理作为人工智能的一个分支逐渐崭露头角。早期的自然语言处理研究集中在机器翻译领域，希望用机器自动翻译人类语言。这一时期的成果为后续自然语言处理技术的发展奠定了基础。

（2）发展期：深度学习和神经网络的兴起

20 世纪 90 年代，随着深度学习和神经网络技术的发展，自然语言处理开始进入一个全新的发展阶段。隐马尔可夫模型（HMM）和循环神经网络（RNN）等模型的应用使得机器能够更准确地理解和生成自然语言。同时，这一时期出现了许多重要的自然语言处理比赛和基准测试，如 IWSLT 和 WMT，推动了自然语言处理技术的不断进步。

（3）突破期：预训练模型与 BERT 革命

21 世纪 20 年代，预训练模型在自然语言处理领域取得了突破性进展。其中，BERT（Bidirectional Encoder Representations from Transformers）模型的出现彻底改变了自然语言处理领域的发展方向。BERT 基于 Transformer 架构，通过大规模的预训练，使得模型能够更好地理解和生成人类语言。基于 BERT 的模型在多项自然语言处理任务中取得了显著的性能提升,为自然语言处理技术的发展开启了新的篇章。

(4) 繁荣期:Transformer 架构与大模型浪潮

随着 Transformer 架构在自然语言处理领域的广泛应用,出现了越来越多的大模型,如 GPT 系列、T5 等。这些大模型具有强大的语言理解和生成能力,能够广泛应用于各种自然语言处理任务。此外,开源社区的繁荣使得各种预训练模型和工具的开源使用成为可能,进一步加速了自然语言处理技术的发展。

目前,自然语言处理技术已经取得了显著的进步,但仍有许多挑战需要解决。未来的自然语言处理研究将更加注重模型的通用性和可解释性,以实现更高层次的人工智能应用。此外,随着大模型的广泛应用,如何有效地管理和利用大规模数据将成为自然语言处理领域的一个重要研究方向。

2. 自然语言处理流程

(1) 获取语料

语料是自然语言处理任务研究的内容,通常用一个文本集作为语料库(Corpus),语料可以通过已有数据、公开数据集、爬虫抓取等方式获取。

(2) 数据预处理

语料预处理主要包括以下步骤。

语料清洗:保留有用的数据,删除噪声数据,常见的清洗方式有人工去重、对齐、删除、标注等。

分词:将文本分成词语,比如通过基于规则的、基于统计的分词方法进行分词。

词性标注:给词语标上词类标签,比如名词、动词、形容词等,常用的词性标注方法有基于规则的、基于统计的算法,比如最大熵词性标注、HMM 词性标注等。

去停用词:去掉对文本特征没有任何贡献作用的字词,比如标点符号、语气、"的"等。

(3) 特征工程

这一步主要的工作是将分词表示成计算机识别的计算类型,一般为向量,常用的表示模型有:词袋模型(Bag of Word, BOW),比如 TF-IDF 算法;词向量,比如 one-hot 算法、word2vec 算法等。

(4) 模型选择

常用的有机器学习模型,比如 KNN、SVM、Naive Bayes、决策树、K-means 等;深度学习模型,比如 RNN、CNN、LSTM、Seq2Seq、FastText、TextCNN 等。

(5) 模型训练

当选择好模型后,则进行模型训练,其中包括了模型微调等。在模型训练的过程中要注意在训练集上表现很好,但在测试集上表现很差的过拟合问题以及模型不能很好地拟合数据的欠拟合问题。同时,也要防止出现梯度消失和梯度爆炸问题。

(6) 模型评估

模型的评价指标主要有错误率、精准度、准确率、召回率、F1 值、ROC 曲线、AUC 曲线等。

(7) 投产上线

模型的投产上线方式主要有两种:一种是线下训练模型,然后将模型进行线上部署提供服务；另一种是在线训练模型，在线训练完成后将模型持久化，提供对外服务。

3. 自然语言处理任务

自然语言处理任务见图 6.11。

图 6.11　自然语言处理任务

4. 自然语言处理面临困难

无论实现自然语言理解，还是自然语言生成，都远不如人们原来想象得那么简单，而是十分困难的。从现有的理论和技术现状看，通用的、高质量的自然语言处理系统，仍然是较长期的努力目标，但是针对一定应用，具有相当自然语言处理能力的实用系统已经出现，有些已商品化，甚至开始产业化。典型的例子有：多语种数据库和专家系统的自然语言接口、各种机器翻译系统、全文信息检索系统、自动文摘系统等。

首先，当语言中充满了大量的歧义，分词难度很大，同一种语言形式可能具有多种含义。特别是在处理中文单词的过程中，由于中文词与词之间缺少天然的分隔符，因此文字处理比英文等西方语言多一步确定词边界的工序，即"中文自动分词"任务。通俗地说就是要由计算机在词与词之间自动加上分隔符，从而将中文文本切分为独立的单词。例如"昨天有沙尘暴"这句话带有分隔符的切分文本是"昨天|有|沙尘暴"。自动分词处于中文自然语言处理的底层，意味着它是理解语言的第一道工序，但正确的单词切分又需要取决于对文本语义的正确理解。这形成了一个"鸡生蛋、蛋生鸡"的问题，成为自然语言处理的第一条拦路虎。

除了在单个词级别分词和理解存在难度外，在短语和句子级别也容易存在歧义。例如"出口冰箱"可以理解为动宾关系（从国内出口了一批冰箱），也可以理解为偏正关系（从国内出口的冰箱）；又如在句子级别，"做化疗的是她的妈妈"可以理解为她妈妈生病了需要做化疗，也可以理解为她妈妈是医生，帮别人做化疗。

其次，消除歧义所需要的知识在获取、表达以及运用上存在困难。由于语言处理的复杂性，合适的语言处理方法和模型难以设计。

在试图理解一句话的时候，即使不存在歧义问题，我们也往往需要考虑上下文的影响。所谓"上下文"指的是当前所说这句话所处的语言环境，包括说话人所处的环境，或者这句话的前几句话、后几句话等。以"小 A 打了小 B，因此我惩罚了他"为例。在其中的第二句话中的"他"是指代"小 A"还是"小 B"呢？要正确理解这句话，我们就要理解上句话"小 A 打了小 B"意味着"小 A"做得不对，因此第二句中的"他"应当指代的是"小 A"。由于上下文对于当前句子的暗示形式是多种多样的，因此如何考虑上下文影响问题是自然语言处理中的主要困难之一。

此外，正确理解人类语言还要有足够的背景知识，特别是对于成语和歇后语的理解。比如在英语中"The spirit is willing but the flesh is weak."是一句成语，意思是"心有余而力不足"。但是曾经某个机器翻译系统将这句英文翻译到俄语，然后翻译回英语的时候，却变成了"The Voltka is strong but the meat is rotten."，意思是"伏特加酒是浓的，但肉却腐烂了"。导致翻译偏差的根本问题在于，机器翻译系统对于英语成语并无了解，仅仅是从字面上进行翻译，结果失之毫厘，谬之千里。

6.1.4 词嵌入——word2vec

词嵌入作为解决自然语言处理任务中的核心步骤，其目的是通过学习语料库中蕴含的内隐知识，将离散字符格式的文本数据，转换成模型能够处理且蕴涵丰富内隐知识信息的连续实值向量，即生成词向量（也称词的分布式表示）。

生成词的向量表示有很多方法，独热（one-hot）编码能够为词汇表中的每个词生成一个 one-hot 向量作为词的向量表示，该向量维度大小与词汇表中的词数相等，词汇表中的每个词都分配一个索引编号，每个词的 one-hot 向量只有在索引编号位置处的维度的值为 1，其余维度的值均为 0。使用 one-hot 向量作为词的向量表示，虽然能够解决数据的格式转换问题，但是 one-hot 向量 0 值过多导致的稀疏性问题（见图 6.12a），导致"语义鸿沟问题"（任意两个词之间相互独立，难以刻画词与词之间的相似性），限制了整体的模型性能提升。

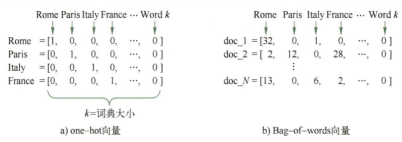

图 6.12　词向量表示方法

词袋模型（Bag-of-words）把字词用一个袋子装着这些词的频率，这种表现方式不考虑文法以及词的顺序（见图 6.12b）。

Bengio 等人使用神经网络搭建神经概率语言模型来学习词的分布式表示，使用语言模型在语料库上进行训练，学习词的分布式特征表示，这是生成词向量的主流方法。语言模型就是如何挑选一个概率尽可能大的句子也就是尽量靠谱的句子返回。Bengio 通过一个三层神经网络来计算 $P(w_t|w_{t-1},w_{t-2},...,w_{t-n+1})$（见图 6.13）。

首先第一层输入根据前 n-1 个词 $W_{t-(n+1)},...,W_{t-2},W_{t-1}$ 去预测第 t 个词是 w_t 的概率。

然后根据输入的前 n-1 个词，在同一个词汇表 D 中一一找到它们对应的词向量。

最后把所有词向量直接串联起来成为一个维度为 (n-1)m 的向量 x 作为接下来三层神经网络的输入（注意这里的"串联"，其实就是 n-1 个向量按顺序首尾拼接起来形成一个长向量）。

隐藏层到输出层之间有大量的矩阵向量计算，在输出层之后还需要做 softmax 归一化计算（使用 softmax 函数归一化输出之后的值的取值范围是[0,1]，代表可能出现的每个词的概率）。

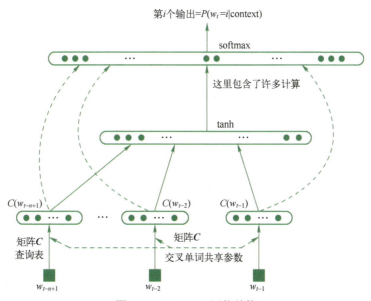

图 6.13 word2vec 网络结构

word2vec 中比较重要的概念是词汇的上下文,比如 w_t 的范围为 1 的上下文就是 w_{t-1} 和 w_{t+1}。

word2vec 有两个模式:CBOW 和 Skip-gram。

CBOW(Continuous Bag-of-Word):以上下文词汇预测当前词,即用 w_{t-2}、w_{t-1}、w_{t+1}、w_{t+2} 去预测 w_t(见图 6.14a)。

Skip-gram:以当前词预测其上下文词汇,即用 w_t 去预测 w_{t-2}、w_{t-1}、w_{t+1}、w_{t+2}(见图 6.14b)。

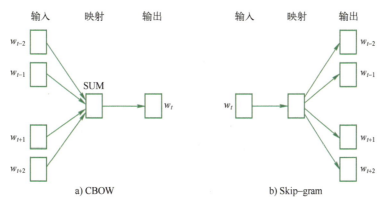

图 6.14 CBOW 和 Skip-gram

无论是 CBOW 模型还是 Skip-gram 模型,word2vec 一般而言都能提供较高质量的词向量表达,图 6.15 是以 50000 个单词训练得到的 128 维的 Skip-gram 词向量压缩到 2 维空间中的可视化展示图。

可以看到,意思相近的词基本上被聚到了一起,也证明了 word2vec 是一种可靠的词向量表征方式。

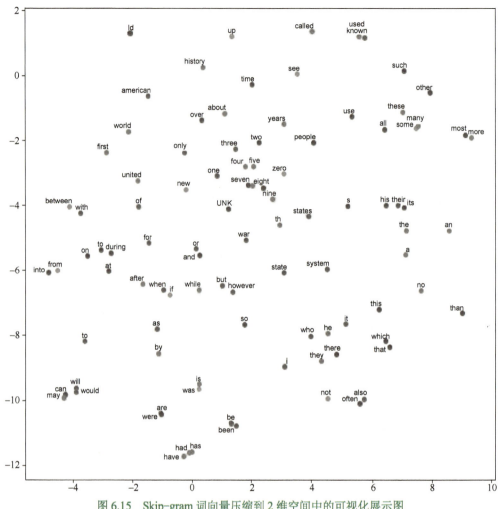

图 6.15 Skip-gram 词向量压缩到 2 维空间中的可视化展示图

6.1.5 预训练模型

word2vec 属于静态词嵌入，通过对语料库中的全局词频信息和窗口内的局部上下文信息进行建模，能够简单高效地训练出低维稠密且蕴含语法、语义信息的词向量。然而，静态词向量训练完毕后其表示的含义也随之固定，因此静态词嵌入不能够处理多义词问题。

动态词嵌入基于预训练语言模型，生成能够根据输入序列的语境信息动态地改变词向量语义信息的动态词向量，解决了多义词问题。预训练模型是一种动态词嵌入范式，它将输出层输出的特征向量作为动态词向量。

在本质上，预训练模型一种迁移学习的方法，在自己的目标任务上使用别人训练好的模型。对于自然语言来说，天然的标注特征是存在的，原因在于文本可以根据之前的输入词语进行预测，而且文本大多是有很多词语，所以就可以构成很大的预训练数据，进而可以自监督（不是无监督，因为词语学习过程是依据之前词语的输出的，所以应该是自监督学习）的预训练。

预训练主要分为两大类。

（1）自回归语言模型（Autoregressive Language Model）

自回归语言模型是根据上文内容预测下一个可能的单词，就是常说的自左向右的语言模型任务，或者反过来也行，就是根据下文预测前面的单词。GPT 就是典型的自回归语言模型。

（2）自编码语言模型（Autoencoder Language Model）

自编码语言模型是对输入的句子随机掩码（Mask）其中的单词，然后预训练过程的主要任务之一是根据上下文单词来预测这些被 Mask 掉的单词，那些被 Mask 掉的单词就是在输入侧加入的噪声。BERT、ChatGPT 就是典型的自编码类语言模型。

任务 6.2　文本阅读——让 AI 生成文章摘要

【任务描述】

通过阅读文章，对文章进行理解，完成摘要生成、阅读理解、翻译、润色、改写、参考文献生成等任务。

文本阅读设计的关键技术包括如下内容。

1）使用自动摘要技术：许多高级人工智能模型都可以对论文进行自动摘要，以便快速了解其主要内容。

2）利用文本分类技术：使用文本分类模型，可以快速定位到感兴趣的论文。这些模型可以根据论文的关键词、主题和其他特征进行分类，以便于快速查找。

3）利用自动参考文献生成技术：一些人工智能模型可以自动生成论文的参考文献列表，能快速了解论文所引用的相关研究。

4）利用自动语言翻译技术：如果所阅读的论文是用外语写的，可以使用自动翻译工具来帮助理解论文内容。这些工具的翻译速度很快，不需要逐字逐句翻译，即可快速了解全文内容。

5）利用关键词提取技术：一些人工智能模型可以自动提取论文中的关键词，这些关键词通常是论文的核心内容。通过查看这些关键词，可以快速了解论文的主要论点和主题。

【预备知识】

6.2.1　文本分类

1. 文本分类的概念

文本分类是指用计算机对文本（或其他实体）按照一定的分类体系或标准进行自动分类标记。伴随着信息的爆炸式增长，人工标注数据已经变得耗时、质量低下，且受到标注人主观意识的影响。因此，利用机器自动化实现对文本的标注变得具有现实意义，将重复且枯燥的文本标注任务交由计算机进行处理能够有效克服以上问题，同时所标注的数据具有一致性、高质量等特点。

文本分类的应用场景众多，包括：情感分析（Sentiment Analyse），主题分类（Topic Labeling），问答任务（Question Answering），意图识别（Dialog Act Classification），自然语言推理（Natural Language Inference）等。

文本分类的分类标签可以是：情感分析（积极、消极、中性），主题分类（金融、体育、军事、社会），问答任务（是、否），意图识别（天气查询、歌曲搜索、随机闲聊），自然语言推理（导出、矛盾、中立）等。

2. 文本分类的基础结构

文本分类包含两大基础结构（见图6.16）。

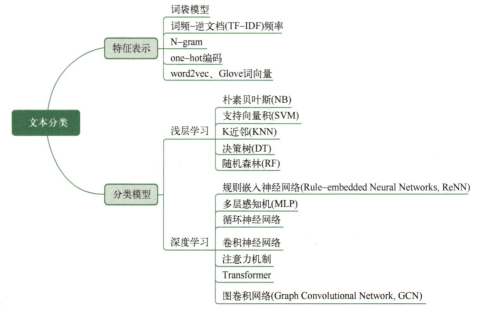

图6.16 文本分类常用模型

浅层学习模型结构较为简单，依赖于人工获取的文本特征，虽然模型参数相对较少，但是在复杂任务中往往能够表现出较好的效果，具有很好的领域适应性。

深度学习模型结构相对复杂，不依赖于人工获取的文本特征，可以直接对文本内容进行学习、建模，但是深度学习模型对于数据的依赖性较高，且存在领域适应性不强的问题。

6.2.2 机器翻译

机器翻译技术（Machine Translation，MT）是一种利用计算机程序自动将一种自然语言的文本转换为另一种自然语言文本的技术。随着信息技术的不断发展和全球化时代的来临，机器翻译技术的重要性和应用领域日益扩大。本节将介绍机器翻译技术的基本原理、主要方法和应用现状。

1. 基本原理

机器翻译技术的基本原理是通过计算机程序对源语言文本进行分析和处理，产生一个中间语言表示，然后根据中间语言表示生成目标语言文本。其中，源语言可以是任意一种自然语言，目标语言也可以是任意一种自然语言。机器翻译技术的关键在于正确地理解和翻译源语言文本的语义和语法。

2. 主要方法

1）统计机器翻译（Statistical Machine Translation，SMT）：统计机器翻译是机器翻译技

术的主流方法之一。它基于大量的双语平行语料库，通过统计分析源语言和目标语言之间的对应关系，从而生成翻译模型。在翻译时，根据翻译模型计算源语言句子与目标语言句子之间的最佳对应关系，从而得到翻译结果。

2）神经网络机器翻译（Neural Machine Translation，NMT）：神经网络机器翻译是近年来兴起的一种机器翻译方法。它基于深度学习模型，通过训练神经网络来实现翻译功能。与传统的统计机器翻译相比，神经网络机器翻译能够更好地处理长句子和复杂结构，翻译质量更高。

3）规则机器翻译（Rule-based Machine Translation，RBMT）：规则机器翻译是一种传统的机器翻译方法，基于语言学规则和词典等资源进行翻译。它通过提前定义各种语言之间的语法和翻译规则，将源语言句子转换为目标语言句子。规则机器翻译需要大量的人工语言学知识和规则库，翻译效果受限于规则的覆盖范围和准确性。

3. 应用现状

机器翻译技术在各个领域的应用越来越广泛。在互联网领域，机器翻译技术被广泛应用于网页翻译、在线翻译工具和社交媒体翻译等场景。在商务领域，机器翻译技术被广泛应用于跨国企业的商务文件翻译、产品说明翻译和商务会谈翻译等工作中。在科研领域，机器翻译技术被应用于语言学研究、文化研究和跨语言信息检索等场景。

尽管机器翻译技术在某些领域已经取得了显著的成果，但仍存在一些挑战和局限性。例如，机器翻译技术在处理低资源语言和专业领域的翻译时面临困难，机器翻译技术在涉及多义词、语法结构复杂和文化差异大的语言翻译时表现不佳。为了进一步提高机器翻译技术的质量和适用性，需要进一步的研究和创新。

6.2.3 自动文摘

文摘是全面准确地反映某一文献中心内容的简单连贯的短文，自动文摘就是利用计算机自动地从原始文献中提取文摘。自动文摘技术主要有机械文摘和理解文摘两种。机械文摘适用于非受限域，这符合当前自然语言处理技术面向真实语料、面向实用化的总趋势，但是由于它局限于对文本表层结构的分析，所以经过近 40 年的发展已接近技术极限，文摘质量很难再有质的飞跃。理解文摘牺牲领域宽度，换取了理解深度，它作为理论探索的价值很高，但实用性较低，在可预见的未来中前景黯淡。为了适应大规模真实语料的需要，自动文摘应立足于面向非受限领域，不断提高文摘质量。篇章结构属于语言学范畴，不触及领域知识，因而基于篇章结构的自动文摘方法不受领域的限制。同时篇章结构比语言表层结构深入了一大步，根据篇章结构能够更准确地探测文章的中心内容所在，因而基于篇章结构的自动文摘能够避免机械文摘的许多不足，保证文摘质量。自动摘录将文本视为句子的线性序列，将句子视为词的线性序列，通常分 4 步进行。

1）计算词的权值。
2）计算句子的权值。
3）将原文中的所有句子按权值从高到低降序排列，权值高的若干句子被确定为文摘句。
4）将所有文摘句按照它们在原文中的出现顺序输出。

在自动文摘中，计算词的权值、句子的权值以及选择文摘句的依据是文本的 6 种形式特征：词频、标题、位置、句法结构、线索词和指示性短语。

6.2.4 关键词提取

在如今的信息爆炸时代，人们需要花费大量的时间和精力去寻找想要的信息。而自动提取文章关键词技术的出现，可以帮助人们更快速地找到所需信息，从而提高写作效率。本节将从以下几个方面逐步分析讨论自动提取文章关键词技术。

（1）什么是自动提取文章关键词技术

自动提取文章关键词技术是指通过计算机程序对一篇已有文本进行分析，从中提取出最能代表该文本主题的单词或短语。这些关键词可以用来概括文章内容，也可以用来作为搜索引擎的检索词。

（2）为什么需要自动提取文章关键词技术

在互联网时代，信息爆炸是一个普遍存在的问题。对于写作者来说，如何在海量信息中快速找到所需内容是一项重要的工作。而自动提取文章关键词技术就可以帮助写作者更快速地找到所需信息，从而提高写作效率。

（3）自动提取文章关键词技术的优点

相比于传统的手动标注关键词方式，自动提取文章关键词技术具有以下优点。

1）提高效率：自动提取文章关键词技术可以在短时间内完成大量文章的关键词提取工作，提高了工作效率。

2）提高准确性：自动提取文章关键词技术可以根据算法准确地提取出最能代表文章主题的关键词，避免了人工标注中可能出现的主观误差。

3）降低成本：相比于手动标注方式，自动提取文章关键词技术可以大幅降低成本。

（4）自动提取文章关键词技术的应用场景

1）搜索引擎优化：将文章中的关键词作为搜索引擎检索词，可以提高文章在搜索引擎中的排名。

2）知识管理：对于企业内部的知识库、文档资料等进行关键词提取，方便用户快速查找所需信息。

3）媒体报道：对于新闻稿、报道等进行关键词提取，方便读者快速获取所需信息。

（5）自动提取文章关键词技术的实现方式

1）基于统计学的方法：通过对文章中出现频率较高的单词或短语进行分析，提取出最能代表文章主题的关键词。

2）基于机器学习的方法：通过对大量已有文本进行训练，使计算机程序能够自动从新文本中提取出最能代表文章主题的关键词。

自动提取文章关键词技术是一项非常有用的技术，在信息爆炸时代具有重要意义。尽管存在一些问题，但是通过不断优化和发展，相信自动提取文章关键词技术会越来越成熟，为人们的写作、搜索等带来更高效的体验。

【实施过程】

1. 文心一言解决方案

（1）上传文档（见图6.17）

项目 6　让人机沟通更加自然——自然语言处理

图 6.17　上传文档

（2）撰写 Prompt（见图 6.18）

图 6.18　撰写 Prompt

生成结果见图 6.19。

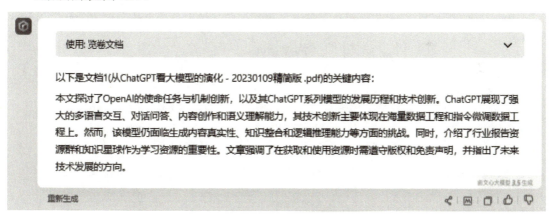

图 6.19　摘要生成效果

2．阅读文档其他工具

（1）包阅 AI（见图 6.20）

网页地址：https://baoyueai.com/workbench?utm_id=210162&bd_vid=5420601755403890662。

（2）反向词典 WantWord

和据意查句类似，反向词典 WantWord 通过已给出词语能帮助找到的更加贴切、生动的近义词，还支持中英双语同译和互译。

网页地址：https://wantwords.net。

205

图 6.20 包阅 AI 首页

(3) 讯飞星火

讯飞星火具备文本生成、语言理解、知识问答、多模交互等多种能力,可以用来查找资料、翻译、解答疑惑,同时也可以根据描述生成文本、视频和音频。

网页地址:https://xinghuo.xfyun.cn。

(4) 数美

数美是一款智能文本检测工具(见图 6.21),能够有效识别各类场景中敏感、违禁、色情、暴恐、辱骂、广告导流等风险文本内容,同时支持多种海外语言检测和风险标签识别。

图 6.21 数美产品功能

网页地址:https://www.ishumei.com。

(5) 网易易盾

网易易盾支持多类型多语言垃圾文字及敏感词、违禁变种、广告灌水识别等。

网页地址:https://dun.163.com/trial/text。

【知识拓展】

任务 6.3　自然对话——提升用户体验

【任务描述】

自然对话也称为多轮对话。与 ChatGPT 进行多轮对话不仅能够获得更丰富和深入的信息，也能提供更个性化的交互体验。通过提供明确的上下文、使用指导性语言、利用 ChatGPT 的记忆特性以及反馈与迭代，可以使多轮对话成为一种有趣和高效的交互方式。虽然多轮对话可能会带来一些挑战，如需要更多的耐心和技巧来引导对话，需要处理更复杂的上下文，但这也是提高我们与 ChatGPT 交互效果的关键步骤。

【预备知识】

6.3.1　多轮对话

1. 什么是多轮对话

（1）多轮对话的定义与特点

多轮对话指根据上下文内容，进行连续的、以达到解决某一类特定任务为目的的对话。这里有 3 个要素：

1）上下文。机器人的每次出话，都是跟上文有强关联关系的。

2）连续性。一个完整的对话内可进行多次连续的对话交互。

3）某一类特定问题。这里主要是限定讨论范围，讨论的是一个封闭域内的问题，一个完整的对话只负责处理一个特定的任务。比如订机票是一个特定的任务，订外卖是一个特定的任务，查天气也是一个特定的任务。

多轮对话比单次的问题-回答交互更加复杂。与人类之间的日常交流相似，多轮对话包括了一系列的交互环节，这不仅仅限于简单的问题与回答。

在 AI 领域，多轮对话是一项极具挑战性的任务。这主要是因为它需要 AI 系统理解并处理大量的上下文信息，同时还需要在整个对话过程中保持一致性和连贯性。例如，如果询问 ChatGPT 关于太阳系的问题，然后又问了一些关于地球的问题，ChatGPT 需要理解这两个问题是在同一上下文中提出的，即它们都与太阳系有关。此外，ChatGPT 还需要能够处理更复杂的对话情境，比如当你询问它的观点或感受时，ChatGPT 需要能够根据之前的对话内容做出恰当的回答。

（2）多轮对话与单轮对话的差异

与单轮对话相比，多轮对话具有更高的复杂性和挑战性。在单轮对话中，每次提问都是独立的，不需要考虑前后的上下文关系。但在多轮对话中，每一轮的提问和回答都可能影响到后续的对话内容，这就需要 AI 系统具有较强的上下文理解能力和连贯性维持能力。

此外，多轮对话中的每一轮交互都可能对对话的方向产生影响。比如，先问了一个关于太阳系的问题，然后转向了关于地球的问题，这就可能引导 ChatGPT 将后续的对话方向转向地球或地球在太阳系中的角色。因此，多轮对话需要 AI 系统具有较强的对话导向能力。

（3）多轮对话的挑战

多轮对话的主要挑战在于如何处理大量的上下文信息，并在整个对话过程中保持连贯性。这需要 AI 系统具有较强的信息处理能力，包括对提问的理解、对相关信息的记忆和对回答的生成等。在这个过程中，AI 系统还需要能够处理各种不确定性，如模糊的提问、缺乏上下文的信息等。这就需要 AI 系统具有较强的逻辑推理能力和问题解决能力。

另一个挑战是如何维持对话的自然性和流畅性。在多轮对话中，AI 系统需要能够像人类一样进行自然的交流，这包括对话的语言风格、情感表达等。此外，AI 系统还需要能够处理复杂的对话结构，如对话的转折、中断等。

最后，多轮对话还需要 AI 系统具有较强的学习能力，能够从每一轮的交互中学习并改进。这包括对用户的反馈的学习、对自身的错误的修正，以及对新知识的学习等。

（4）多轮对话的价值

尽管多轮对话对 AI 系统来说是一项挑战，但是通过适当的提示和引导，我们仍然可以使 ChatGPT 进行有效的多轮对话，这对于用户来说具有很大的价值。

首先，多轮对话可以提供更深入、更丰富的信息交流。通过多轮的提问和回答，用户可以获取到更详细、更精确的信息，这对于用户解决复杂问题、进行深入研究等任务具有很大的帮助。

其次，多轮对话可以提供更个性化的交互体验。通过多轮对话，AI 系统可以更好地理解用户的需求和喜好，从而提供更个性化的服务。

最后，多轮对话也有助于提高 AI 系统的智能水平。通过多轮的交互，AI 系统可以更好地学习和理解人类的语言和思维方式，从而不断提高其智能水平。

总的来说，多轮对话是 AI 对话系统的重要组成部分，对于提高 AI 系统的智能水平和用户体验具有重要的价值。虽然当前的 AI 系统在多轮对话方面还存在一些挑战，但随着技术的进步，我们相信未来的 AI 系统将能够进行更自然、更智能的多轮对话。

2. 如何与 ChatGPT 进行多轮对话

（1）提供明确的上下文

在进行多轮对话时，提供明确的上下文是非常重要的。上下文是帮助 ChatGPT 理解问题和生成正确回答的关键信息。可以在对话的开始阶段设定一些背景信息，例如，正在进行一次旅行规划、查找某个科研主题的资料，或是寻找一道复杂的烹饪食谱。这样，ChatGPT 就能根据提供的上下文，生成相关和有帮助的回答。

（2）使用指导性语言

在多轮对话中，使用指导性语言是一种有效的策略。这意味着需要明确告诉 ChatGPT 所想要的回答类型。例如，可以请求它给出一个详细的解释，或是提供一个列表式的答案。也可以设置一些限制，如回答的长度、使用的语言风格等。这些指导性的语言可以帮助 ChatGPT 生成满足需求的回答。

（3）利用 ChatGPT 的记忆特性

虽然 ChatGPT 并不具有长期记忆功能，但它在处理多轮对话时，能够记住一定数量的最近对话内容。可以利用这个特性，在多轮对话中引导 ChatGPT 进行深入的讨论。同时，也需要注意避免超过 ChatGPT 的记忆长度，否则之前的对话内容可能会被遗忘。

（4）反馈与迭代

多轮对话是一个动态的过程，需要用户和 ChatGPT 共同参与和调整。如果 ChatGPT 的回答不满足需求，则可以提供反馈，并通过调整提问方式，引导 ChatGPT 生成更好的回答。这个过程可能需要多次迭代，但通过不断的试错和学习，可以逐渐提高与 ChatGPT 的对话效果。

总的来说，与 ChatGPT 进行多轮对话是一项技巧和艺术。只有理解了 ChatGPT 的工作原理和特性，才能更好地与其进行高效的交互。

3. 人机多轮对话的意义

首先，人机多轮对话有助于提升用户体验。在日常使用场景中，用户可能需要与机器进行连续的、多轮次的交互，以完成某项任务或获取所需信息。这种对话模式更加贴近人们的日常交流习惯，使用户能够更自然、更流畅地与机器进行交互，从而提升用户的使用体验。

其次，人机多轮对话有助于机器更深入地理解用户需求。通过多轮次的对话，机器可以逐步获取用户的意图、偏好和背景信息，从而更准确地理解用户的需求。这种深度理解有助于机器提供更个性化、更精准的服务，满足用户的多样化需求。

此外，人机多轮对话也是人工智能发展的重要方向之一。随着自然语言处理技术的不断进步，人机对话的准确性和流畅性得到了显著提升。通过不断优化算法和模型，人机多轮对话的能力将不断提升，未来有望实现更高级别的智能交互，推动人工智能技术的广泛应用。

最后，人机多轮对话在多个领域具有广泛的应用价值。例如，在智能客服领域，多轮对话可以帮助机器解决复杂的问题，提高服务效率和质量；在智能家居领域，多轮对话可以实现更智能的家居控制，提升居住体验；在医疗、教育等领域，多轮对话也可以发挥重要作用，为人们提供更便捷、更高效的服务。

6.3.2 聊天机器人

1. 聊天机器人基本原理

聊天机器人的核心目标是模拟人类的语言交互能力，能够理解和回答用户提出的问题或提供相关的帮助。

聊天机器人的基本原理主要依赖于 NLP 和机器学习算法。以下是其工作的一些主要步骤和原理。

1）输入理解：聊天机器人首先接收用户的输入，可以是文字、语音或图像等多种形式。接收到输入后，机器人会进行分析和理解，将其转化为机器可以处理的结构化数据。

2）意图识别：在理解用户输入的基础上，聊天机器人会进一步识别用户的意图，也就是用户提问的目的或需求。这通常通过 NLP 算法中的智能分词引擎、语义分析引擎等专业语言引擎来实现。

3）知识检索：一旦确定了用户的意图，聊天机器人会从存储的知识库中检索相关信息来回答用户的问题。这需要对话管理模型来帮助机器人理解和维护对话状态。此外，借助海量知识图谱，聊天机器人具有多意图识别能力，能理解上下文，适应多种咨询方式，使人机交互更顺畅。

4）生成响应：聊天机器人会根据用户的意图和从知识库中检索到的信息，生成相应的回答或响应。有些聊天机器人会进一步通过判断用户发送内容的意图，从话术库中匹配相应解答话术进行自动回复，从而完成用户咨询内容的智能解答。

2. 聊天机器人应用场景

聊天机器人在实际应用中有着广泛的应用场景，包括但不限于以下几个方面。

1）客服服务：聊天机器人可以作为企业客服系统的一部分，帮助客户解决问题、提供咨询和服务支持。

2）个人助手：聊天机器人可以作为个人助手，帮助用户管理日程安排、提供天气预报和订购食品等服务。

3）教育培训：聊天机器人可以作为教育培训平台的一部分，帮助学生解答问题、提供学习资源和辅导。

4）医疗健康：聊天机器人可以作为医疗健康领域的一部分，帮助医生诊断疾病、提供医疗建议和指导。

6.3.3 问答系统

1. 问答系统基本原理

问答系统是一种基于自然语言处理技术的人机交互系统，旨在根据用户提出的问题，从给定的语料库或知识库中提供准确的答案。问答系统的核心原理主要包括问题理解、信息检索与答案生成三个步骤。

1）问题理解：系统首先对用户提出的问题进行理解，该步骤包括分词、词性标注、命名实体识别和句法分析等技术。通过这些处理，系统可以将问题转化为计算机可以理解的结构化表示形式。

2）信息检索：系统在理解用户问题后，根据给定的语料库或知识库进行信息检索，以找到与问题相关的文本片段或答案。信息检索可以采用传统的全文搜索方法，也可以使用更高级的语义搜索方法，如相似性匹配、实体链接和关系抽取等。

3）答案生成：在找到与问题相关的文本片段后，系统需要从中提取出最合适的答案，以回答用户的问题。答案生成可以根据问题类型采用不同的方法，如基于模板的方法、统计机器翻译方法或深度学习方法等。生成的答案可以是简短的短语、完整的句子，甚至是相关文档的链接。

问答系统的性能主要取决于问题理解的准确度、信息检索的召回率和答案生成的质量。为了提高系统的性能，研究人员采用了许多技术手段，如语义角色标注、生成式模型、知识图谱表示等。此外，大规模的训练数据和强大的计算资源也对问答系统的性能有很大的影响。为了训练和优化问答系统，研究人员还开发了各种评测指标和评测数据集，以评估系统在不同任务上的表现。

2. 聊天机器人与问答系统比较

聊天机器人和问答系统是人工智能技术应用的两种重要形式。在当今数字化社会中，人们对数据的需求日益增长。越来越多的厂商、企业已经采用了人工智能技术，在客户服务、商品推荐、安全监控等业务中使用聊天机器人或问答系统。同时，这两种工具也在普及和改进中。下面探讨聊天机器人和问答系统两类工具中的基本原理、功能和使用场景的差异。

（1）功能差异

聊天机器人的主要作用是在采购、营销、广告分销、客户服务等业务环节中完成大众主要交易。此外，聊天机器人可以通过对话形式，提供一些信息、服务帮助和娱乐等体验。事实上，聊天机器人为企业提供了一种与客户的实时互动机制。

而问答系统的主要作用是解决问题和回答相对标准化的常见问题。问答系统与搜索引擎不同，它可以根据用户的描述和文本内容，使用推理、语义等技术实现答案的延伸。此外，问答系统可以处理大量的数据，为用户提供更加准确的答案。

（2）技术差异

聊天机器人的核心技术是自然语言处理技术和语言模型。其中 ChatGPT 是目前最大、最强的通用语言模型之一。基于 ChatGPT 可构建出无数种类型的聊天机器人，并可用于许多管理、教育、医疗和其他业务应用。

问答系统的核心技术是自然语言处理技术和机器学习技术。标志性的问答系统包括 IBM Watson、谷歌 Knowledge Graph、百度 AI 等。这些系统比自然语言处理技术更为成熟，这使得问答系统在解答诸如语言、图片、搜索等多种场景中的问题更有效。

（3）使用场景的差异

在实际应用中，聊天机器人通常用于客户服务、营销推广、娱乐等场景，它提供个性化服务的效果受到了广泛的认可。例如，许多商业银行、快递公司、电视节目等都在其网站或 APP 上建立了聊天机器人。

问答系统通常用于解答社区网站上的问题，例如 Quora、百度知道、Stackoverflow 等，还用于厂商和用户之间的技术支持，提供如安全管理、合规管理等服务。

【实施过程】

在 AI 走进大众视野的这几年，人们或多或少的都会接触到一些 AI 的产品，例如，咨询天猫客服，一开始肯定是个机器人接待你；接到一个电话问你是否需要买保险、办信用卡或贷款，可能对方就是一个机器人。以文心一言为例。

用户：你好，我想了解一下文心一言这个产品。

文心一言：您好，我是文心一言，很高兴为您服务。文心一言是一款基于人工智能技术的智能对话系统，可以帮助用户快速获取信息和解决问题。

用户：它具体有哪些功能呢？

文心一言：文心一言拥有多种功能，比如智能问答、语言翻译、文本创作等。您可以通过输入自然语言的问题或需求，系统会自动分析并给出相应的回答或建议。

用户：听起来很实用，那它适用于哪些场景呢？

文心一言：文心一言适用于多种场景，比如学习、工作、生活等。无论您是在学习新知识、处理工作任务，还是想要了解生活小窍门，都可以使用文心一言来辅助您。

用户：好的，我试试看吧。请问如何开始使用呢？

文心一言：您可以通过我们的官方网站或 APP 来下载和使用文心一言。下载后，您只需注册一个账号，然后输入您的问题或需求，即可与文心一言进行交互。

用户：好的，我明白了。谢谢你的帮助！

文心一言：不客气，祝您使用愉快！

这个案例展示了文心一言与用户之间的多轮对话，文心一言不仅回答了用户的问题，还提供了进一步的信息和帮助，使得用户能够更好地了解和使用产品。

【知识拓展】

6.3.4 垂直搜索——让用户更加便捷地获取所需信息

1. 垂直搜索理念

传统互联网搜索是水平搜索，而大模型是垂直搜索，能够避免信息过载。

垂直搜索是相对通用搜索引擎的信息量大、查询不准确、深度不够等提出来的新的搜索引擎服务模式，通过针对某一特定领域、某一特定人群或某一特定需求提供的有一定价值的信息和相关服务。其特点就是"专、精、深"，且具有行业色彩，相比较通用搜索引擎的海量信息无序化，垂直搜索则显得更加专注、具体和深入。

垂直搜索引擎是针对某一个行业的专业搜索引擎，是搜索引擎的细分和延伸，是对网页库中的某类专门的信息进行一次整合，定向分字段抽取出需要的数据进行处理后再以某种形式返回给用户。

2. 垂直搜索体验

（1）文心一言。

Prompt：姚明身高多少？运行结果见图6.22。

图6.22 垂直搜索体验

（2）腾讯文涌 Effidit

看名字不难猜出，这是一款把"文思泉涌"作为目的的内容创作工具，主要功能包括智能纠错、文本续写、文本润色、词句推荐等。

网页地址：https://effidit.qq.com。

（3）据意查句 WantQuotes

用户只要输入相关主题词汇，就能找出相关的名言、诗句、俗语、成语等。

网页地址：https://wantquotes.net。

任务6.4 低代码——大模型编程新范式

【任务描述】

近年来，在数字经济迅速发展的背景下，越来越多的企业开始建立健全业务系统和应用，借助数字化工具提升管理效率，驱动业务发展，促进业绩增长。在这一过程中，和许多新技术一样，低代码（Low-code）开发被推上了"风口"。

零代码就是用自然语言编程。

项目 6　让人机沟通更加自然——自然语言处理

低代码就是用可视化方法，通过拖拽完成编程。

【预备知识】

6.4.1　低代码核心理念

低代码是一种可视化的应用开发方法，用较少的代码、以较快的速度来交付应用程序，将程序员不想开发的代码做到自动化，也称为零代码。

低代码核心理念见图 6.23。

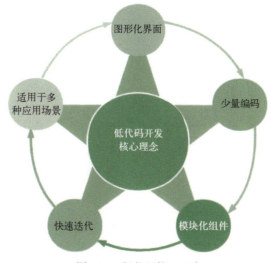

图 6.23　低代码核心理念

1）图形化界面：低代码开发平台通常提供了可视化的拖放式界面，使开发人员可以通过图形化方式创建和定制应用程序的用户界面、工作流程和功能，消除了编写大量代码的需求。

2）少量编码：尽管被称为低代码，但低代码平台仍需要一定程度的编码，通常使用简单的脚本或配置，相对于传统的手动编码方法来说要少得多，从而降低了技术门槛。

3）模块化组件：低代码平台通常包括丰富的预构建模块和组件，如数据库连接、表单生成、报告生成、工作流管理等。开发人员可以轻松地将这些组件集成到应用程序中，而无须从头开始开发。

4）快速迭代：低代码方法支持快速迭代和原型开发，开发人员可以快速构建原型并进行测试，然后根据反馈进行调整，有助于更快地交付应用程序。

5）适用于多种应用场景：低代码技术适用于各种应用场景，包括企业应用、移动应用、Web 应用、工作流应用等。

1. 低代码开发与传统项目开发对比

传统的代码编程技术是很难跟上时代发展的，而低代码编程的宗旨就是将编程的大部分复杂性隐藏在低代码平台底层，使开发者可以将精力聚焦在自己的业务上，加速应用开发与部署。图 6.24 展示了低代码开发与传统项目开发对比。

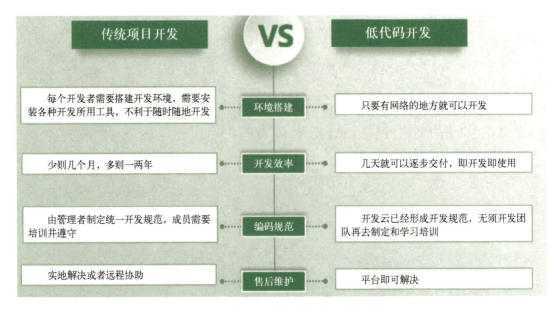

图 6.24 低代码开发与传统项目开发对比

2. 低代码开发能力要求

实际上，低代码开发并不意味着要脱离开发人员，而是让他们省去 80%开发工作，剩下 20%空间去重点发挥智慧，打造更安全、性能更好、业务比较个性的部分。而且只需一个账号即可开发一系列应用，并在平台上完成测试、开发、打包和发布、维护等全部操作。

各行各业的企业 IT 团队或开发人员都可以利用低代码开发平台来实现业务创新和生产力提升，解决开发时间、投入成本、复杂性、可扩展性和数据隐私等诸多挑战（见图 6.25）。

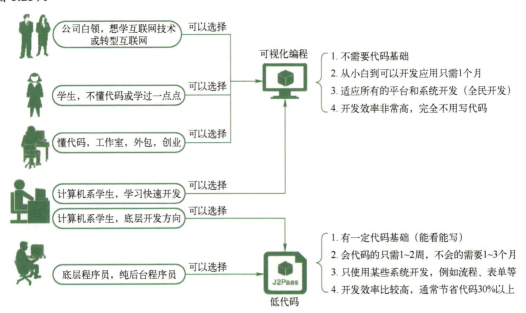

图 6.25 低代码开发能力要求

6.4.2 大模型视角下的自然语言编程

随着自然语言处理技术的发展,让计算机听懂人类语言不再是梦想。ChartGPT 的应用催生了 Prompt。Prompt 可以直接使用自然语言表达用户的意图,大幅降低了编程的门槛。本节从编程语言发展历程,了解 Prompt 的原理和应用。

目前编程语言有数百种,每种语言有其独特的特性,软件开发使用哪种编程语言,对软件性能、可读性和移植性都有影响,选择合适的语言至关重要。合适的语言将帮助快速创建功能强大的应用系统。

编程语言是人类为了方便计算机理解和执行而创造的一种工具。随着计算机技术的不断发展,编程语言也在不断地发展和演变,见图 6.26。

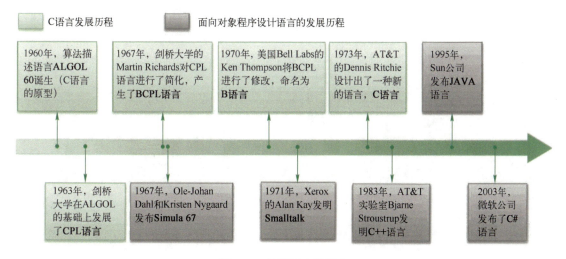

图 6.26 编程语言发展史

编程语言经历了"面向机器、面向过程、面向问题、面向用户"四种编程范式。

1. 面向机器的编程语言

(1)机器语言

机器语言是第一代编程语言。机器语言就是计算机能直接识别的语言格式。计算机属于电子元器件,最容易识别的两种状态就是"1"和"0"。例如,101 代表数字 5。

那么有没有办法能够让程序员更容易地读懂计算机中的数据呢?答案是肯定的!这就好比要和外国人交流,听不懂外国人在说什么,这时就可以找一个翻译。在程序中所找的这位"翻译官",就是第二代编程语言。

(2)汇编语言

第二代编程语言是汇编语言。这种语言相当于是对机器语言的封装。

但是,汇编语言对于程序员来讲,也不是特别友好,因为它的语法结构还有很大的改进空间。例如,用汇编语言做算数运算时,可以使用 ADD 代表加法运算,SUB 代表减法运算,诸如此类。但如果能直接使用"+""-"符号来进行计算,可读性则会更好。因此,第三代编程语言应运而生。

2. 面向过程的编程语言

从程序员的编码角度来说，面向过程的编程语言去除了各种晦涩难懂的汇编语法，极大提高了程序员的开发效率。常见的面向过程的编程语言有 FORTRAN、COBOL、BASIC、ALGOL、C 等。

面向过程的编程范式也称为结构化编程范式或模块化编程范式（见图 6.27）。程序主要由三种基本程序结构构成：顺序结构、分支结构和循环结构。

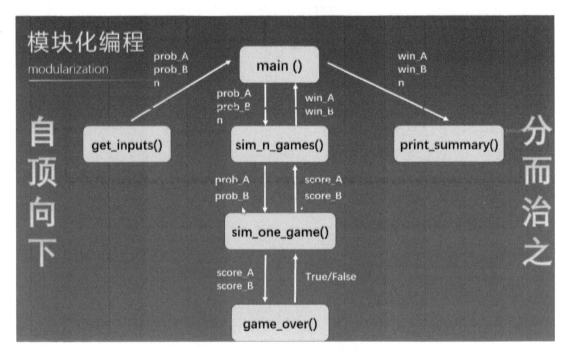

图 6.27　面向过程的编程范式

例如，如果多于 100 块钱，那么今天就打车上班。这个案例的 C 语言代码如下。

```
main{
int money=500;        //总共有 500 块钱
if(money>=100){       //判断钱大于 100 块，则进入{}执行语句
scanf("有钱，打车上班");   //执行打车的语法输出}
}
```

面向过程的编程语言相比之前的机器语言和汇编语言有更强的可读性、逻辑性。

3. 面向问题的编程语言

一个问题可以由几个较小的问题组成，一个较小的问题也可以由更小的问题组成，直到那个小问题可以一步解决。

传统的面向过程的编程要完成一项功能（大的问题）需要大量的代码，但是许多代码并不是直接和这项功能有关，而是用于完成细微的工作（较小的问题）。以编写"邮件发送程序"为例，编程者需要检查网络情况、连接服务器，又要编写界

面、处理用户动作,因此需要大量的代码。如果用面向过程的 C 语言编写,至少要 100 行代码,并且只有专业的人才能看懂,而用面向问题的语言(如 Angela 语言),只需要一个"黑箱"SENDEM,以及相关的参数(发件人账户用户名、发件人账户密码、收件人账户用户名、邮件标题、邮件正文、邮件附件),用以下三行代码就可以实现:

```
Program SENDEMTEST
SENDEM:[发件人账户用户名],[发件人账户密码],[收件人账户用户名],[邮件标题],[邮件正文],[邮件附件]
END
```

面向问题的编程语言包括面向对象、函数式、声明式编程语言。

人工智能旨在模拟和实现人类智能的理论和方法。它涉及对语言、学习、推理、问题解决和决策等人类智能的模拟和应用。在人工智能系统开发过程中,有以下几种编程语言被广泛应用,本质上面向人工智能的编程语言也是面向问题的。

1)Python 是目前人工智能领域最受欢迎的编程语言之一。Python 语言简洁、易读易写,拥有丰富的第三方库和开发工具,使得它成为人工智能开发的首选语言。Python 的库和工具如 Numpy、Pandas、Scikit-learn 和 TensorFlow 等提供了强大的数据处理、机器学习和深度学习功能,能够帮助开发者快速实现各种人工智能算法。

2)R 语言是专门用于统计分析和数据可视化的编程语言,也被广泛应用于人工智能领域。R 语言提供了丰富的统计分析和机器学习的函数库,如 caret、e1071 和 randomForest 等,使得开发者可以方便地进行数据挖掘和建模。

除了上述的主要编程语言外,还有一些其他语言也在人工智能开发中得到了应用。例如,Lisp 语言是最早用于人工智能研究和开发的编程语言之一,它的函数式编程特性使其适合于符号推理和专家系统的开发。而 Prolog 语言则主要用于逻辑推理和知识表示的领域。

Python、R 以及 Lisp 和 Prolog 等编程语言都在人工智能的开发中发挥着重要的作用。开发者可以根据自己的需求和项目特点选择合适的编程语言来实现人工智能算法。无论选择哪种编程语言,都需要结合相应的库和工具来提供强大的功能支持,以便更好地实现人工智能的目标。

4. 面向用户的编程语言

ChatGPT 中的"Prompt"被称为面向用户的编程语言。通过设计和优化 Prompt 来提高模型的准确性和可用性,引导模型更好地理解用户需求和任务,生成更加准确、自然、连贯的文本,就变成了一种全新的编程范式。

使用 Prompt:请编写"用于生成和发送通知邮件 Python 代码",结果见图 6.28。

读者可能会有疑问:Prompt 不但能写代码,还能写诗、绘画、回答问题,那 Prompt 不是编程语言。在自然语言处理时代,程序设计的边界需要扩大,不再是传统意义上的逻辑问题编程,而 Prompt 更擅长非逻辑问题的编程。

人工智能应用基础项目式教程

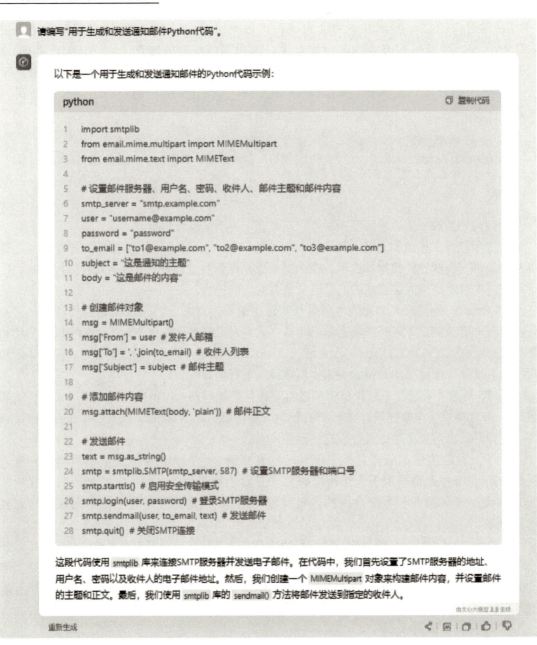

图 6.28　Prompt 编程实例

【实施过程】

1. 编程

ChatGPT 颠覆传统手工编程，程序员不是失业，而是要更专业。

Prompt：编写 Python 代码，在"C:/user"创建一个文件夹，命名为"员工档案"，在这个文件夹下创建 4 个空的文件夹。运行结果见图 6.29。

项目6 让人机沟通更加自然——自然语言处理

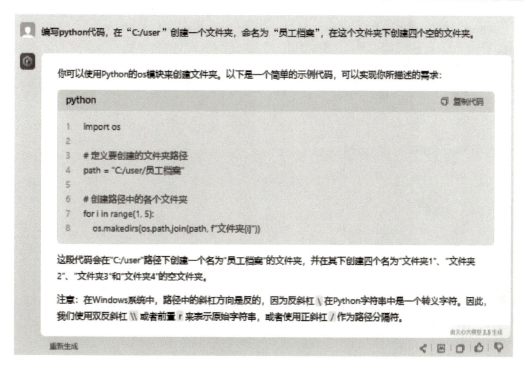

图6.29 编程能力体验

将生成的代码复制到Python，执行即可。

2．数据分析

（1）信息抽取

Prompt：请从"13899999900 张三北京市朝阳区奥林匹克森林公园"中抽取"姓名""电话""地址"三项信息。运行结果见图6.30。

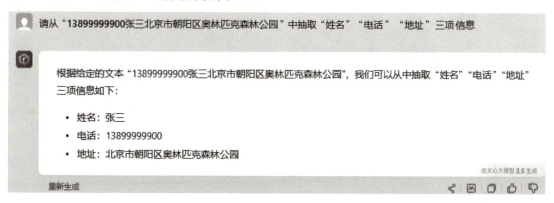

图6.30 信息抽取能力体验

（2）表格生成能力

Prompt：请生成一个由10行4列组成的虚拟数据表格，字段名为：学号、姓名、性别、年龄，用逗号分开。运行结果见图6.31。

219

请生成一个由10行4列组成的虚拟数据表格，字段名为：学号、姓名、性别、年龄，用逗号分开

当然可以！以下是一个包含10行4列的虚拟数据表格，包含学号、姓名、性别和年龄：

学号	姓名	性别	年龄
01	张三	男	20
02	李四	女	19
03	王五	男	21
04	赵六	女	22
05	孙七	男	18
06	周八	女	23
07	吴九	男	19
08	郑十	女	21
09	陈十一	男	20
10	郭十二	女	22

这个数据表格已逗号分隔，您可以将其导入Excel或其他电子表格程序中。如果您需要更多帮助，请随时告诉我。

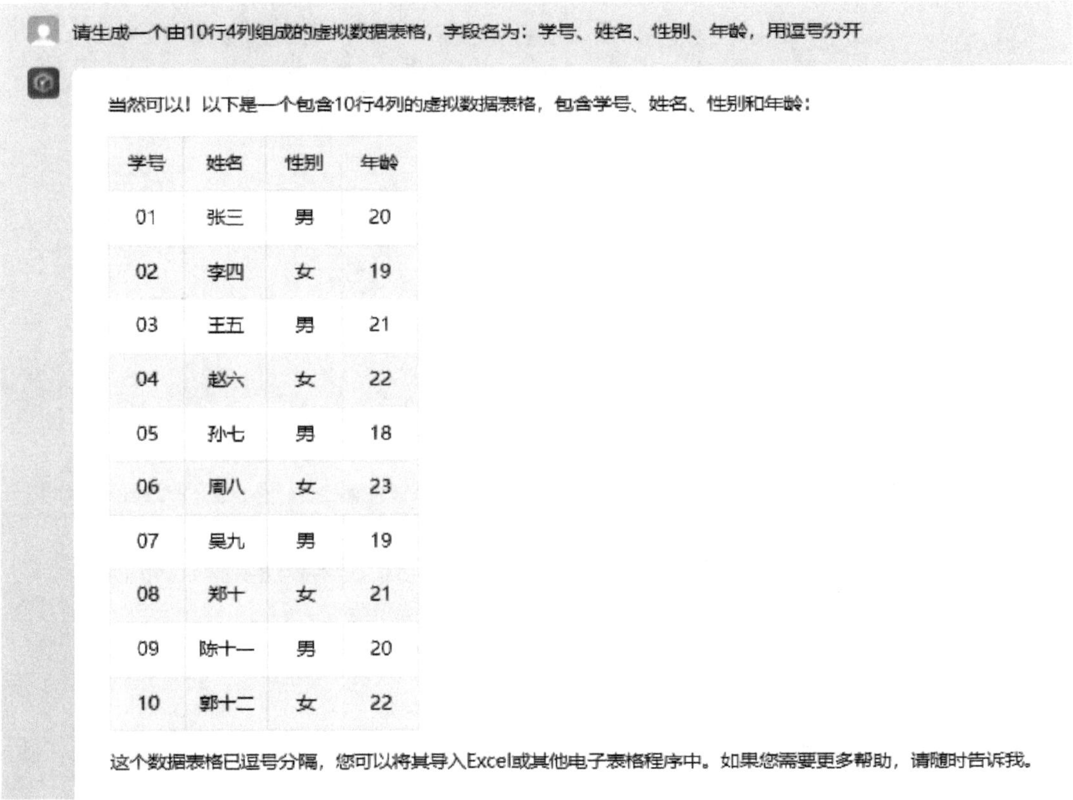

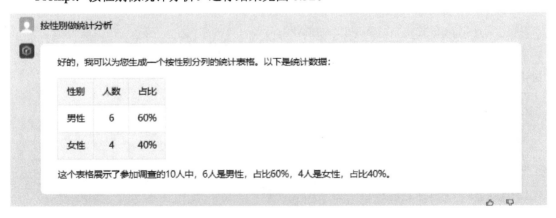

图 6.31　表格生成能力体验

（3）统计分析能力

Prompt：按性别做统计分析。运行结果见图 6.32。

按性别做统计分析

好的，我可以为您生成一个按性别分列的统计表格。以下是统计数据：

性别	人数	占比
男性	6	60%
女性	4	40%

这个表格展示了参加调查的10人中，6人是男性，占比60%，4人是女性，占比40%。

图 6.32　统计分析能力体验

3．数学达人

prompt：有一元、二元、五元的人民币共 50 张，总面值 116 元，已知一元的比二元的多两张，问三种面值的人民币各多少张？运行结果见图 6.33。

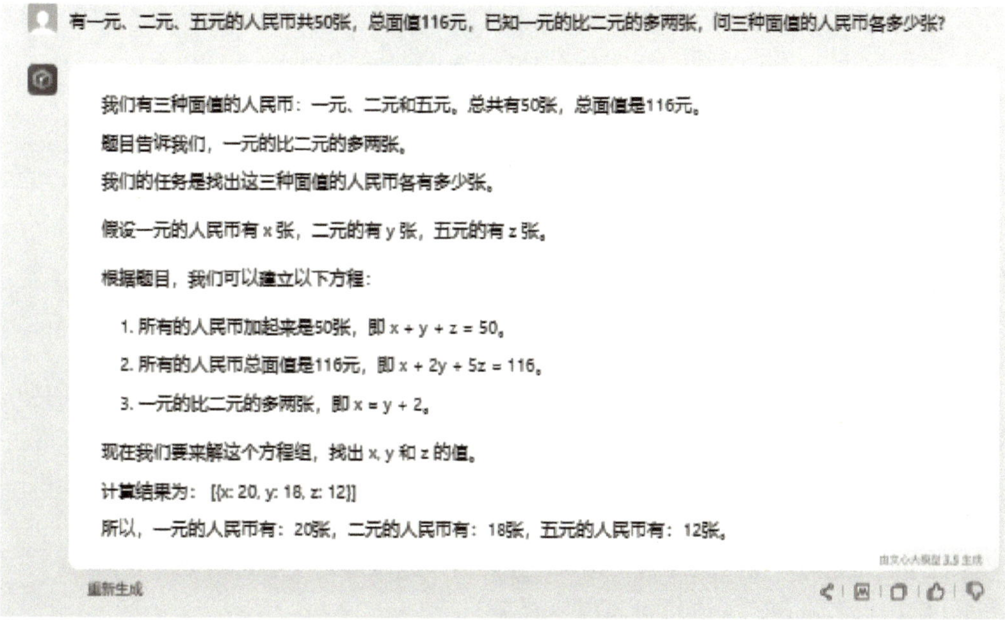

项目 6 让人机沟通更加自然——自然语言处理

> 有一元、二元、五元的人民币共50张，总面值116元，已知一元的比二元的多两张，问三种面值的人民币各多少张？
>
> 我们有三种面值的人民币：一元、二元和五元。总共有50张，总面值是116元。
>
> 题目告诉我们，一元的比二元的多两张。
>
> 我们的任务是找出这三种面值的人民币各有多少张。
>
> 假设一元的人民币有 x 张，二元的有 y 张，五元的有 z 张。
>
> 根据题目，我们可以建立以下方程：
>
> 1. 所有的人民币加起来是50张，即 x + y + z = 50。
> 2. 所有的人民币总面值是116元，即 x + 2y + 5z = 116。
> 3. 一元的比二元的多两张，即 x = y + 2。
>
> 现在我们要来解这个方程组，找出 x，y 和 z 的值。
>
> 计算结果为：[{x: 20, y: 18, z: 12}]
>
> 所以，一元的人民币有：20张，二元的人民币有：18张，五元的人民币有：12张。

图 6.33　数学能力体验

任务 6.5　智能体——制作 GhatGPT 分身

【任务描述】

智能体是为了简化 Prompt，让智能体做更专业的事，不要求智能体像 ChatGPT 一样是一个样样精通的多面手，否则对使用者提供的 Prompt 质量要求很高，增加了应用的门槛。举个例子，现在有一个"英语翻译"专家智能体，同样的"Prompt:中国"，如果使用 ChatGPT，则输出有关中国的起源、中国的历史等。而在"英语翻译"专家智能体则输出"China"，因为智能体的职责就是英语翻译，解决问题比较单一，但对使用者来说，大幅降低了应用的门槛。

现在的问题是，制作智能体很难吗？百度推出的"文心智能体平台"实现低代码编程，使得人人都可以轻松制作智能体。

【预备知识】

6.5.1　智能体概述

智能体（Agent）是一类能够独立做出决策并采取行动以实现特定目标的软件程序。这类程序融合了多种 AI 技术，具备记忆、规划、环境感知、使用工具以及遵循安全准则等功能，能够自主执行任务并达成目标。

不同时代的特征见图 6.34。智能体是大模型时代的特征。

Gartner 预测，到 2028 年，至少 15% 的日常工作决策将通过智能体自主做出。

221

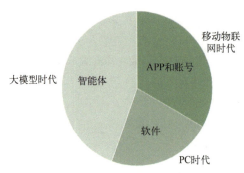

图 6.34　不同时代的特征

企业寻求提升团队效能，优化跨职能协作，并在团队网络中协调问题。智能体有望成为高效能团队的重要成员，它们能够从人类通常无法察觉的衍生事件中提供洞见。

6.5.2　智能体底层逻辑

智能体是 2024 年热度最高的话题。但是，并不是所有情况下都需要智能体。对于简单的任务，使用大模型的输入 Prompt 就可以解决了。

但并不是所有的问题都是很简单的问题，如果想把复杂问题写到 Prompt 里面，那 Prompt 本身就会变得相当复杂。

例如，让大模型写一个报告。

首先要定义报告的主题，然后是报告的格式，每一个部分应该怎么写。

对于这种任务，Prompt 就会变得复杂，见图 6.35。

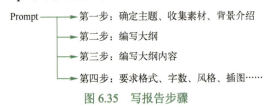

图 6.35　写报告步骤

所以对于一些复杂的任务，不得不再把它拆解一步步来实现，每个步骤还有更详细的要求。

但实际上，现在的大模型能力还不足以支撑这么复杂的 Prompt。

一般来讲，Prompt 越复杂，其实对大模型的要求越高。相反 Prompt 越简单，例如在 Prompt 里面只涉及 1~2 个明确的问题，那大模型输出效果会更好。

对于复杂的任务，更好的方式就是把这个任务做一个拆解。因为拆解完之后，每个智能体可能负责其中的某 1~2 个任务。这样它接收到的信息是有限的，处理起来会更加精准。同时，可以让每个智能体做自己最擅长的事情，这是效率最高的方法。

通过智能体，也可以更灵活地去设计这种工作流程。把复杂的 Prompt 转换成通过智能体的方法来解决，见图 6.36。

控制模块相当于整体把控质量，并决定下一步要做什么事情。比如，首先让智能体做相应的主题的延展，完成之后，把结果返回给控制模块，控制模块会检查主题是否满足要求或者标准。如果没有满足，把相应的反馈给到第一个智能体，改完之后再反馈。反馈完之后，接下来去做大纲的设计，再反馈，直到大纲符合标准为止，接下来再做其他的事情。所以控制模块还担任了派发下一个任务的角色。

项目 6 让人机沟通更加自然——自然语言处理

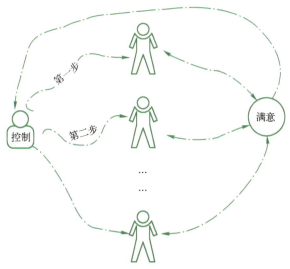

图 6.36 智能体协同工作

这里的一个核心逻辑是怎么把一个复杂的任务进行拆解,并且尽量不要超过当前智能体的能力范围,一定要认清楚当前智能体的能力上限,对于拆解之后的任务,它刚好可以完成,这是最理想的情况。

【实施过程】

输入网址 https://agents.baidu.com,启动文心智能体平台,见图 6.37。

图 6.37 文心智能体平台

进入平台后,可以看到分门别类的智能体(见图 6.38),每个智能体就是 ChatGPT 的数字分身。

人工智能应用基础项目式教程

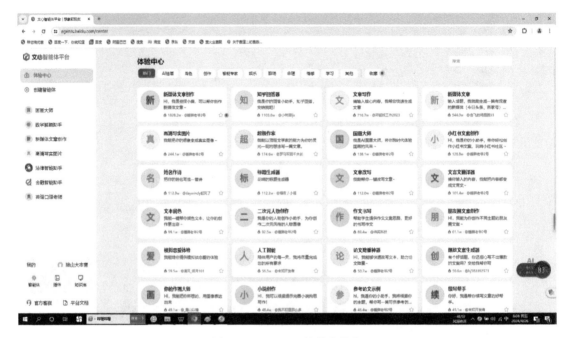

图 6.38 ChatGPT 的数字分身

下面以制作新媒体文章创作智能体为例，演示智能体制作过程。

1）进入零代码智能体创建界面（见图 6.39）。

图 6.39 进入零代码智能体创建界面

2）通过对话，创建新媒体文章创作智能体（见图 6.40）。

项目6 让人机沟通更加自然——自然语言处理

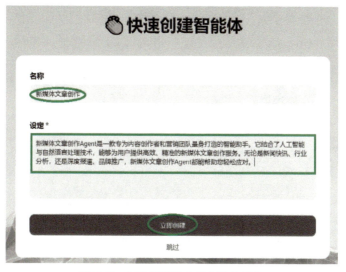

图 6.40 创建新媒体文章创作智能体

图 6.40 中"设定"是推广智能体的一个说明，说明写得好，会有更多的人关注。

3）修改配置信息。创建成功，进入"配置"界面补充信息。配置信息决定了智能体的质量，需要一定的 Prompt 技能，一般来说，系统的默认配置已经基本能满足要求，如果对智能体的质量要求较高，需要在这里配置。初学者建议使用系统默认配置（见图 6.41）。

4）修改头像（见图 6.42）。

图 6.41 查看智能体配置

225

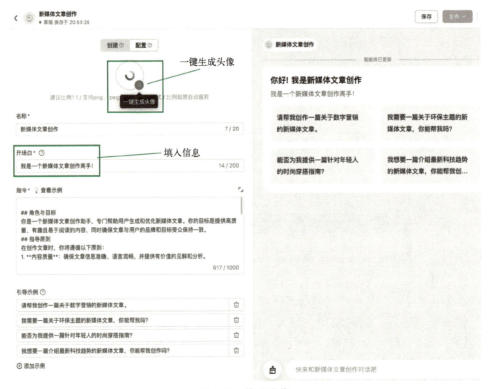

图 6.42　修改头像

5）发布（见图 6.43）。

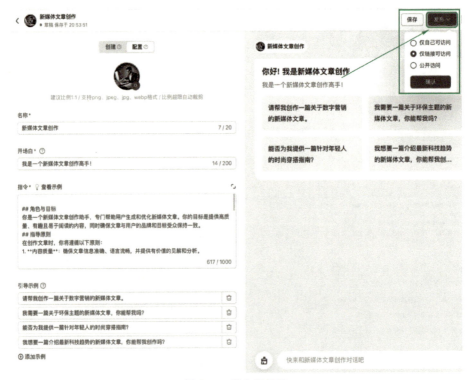

图 6.43　发布智能体

单击"发布"后，会跳转到"我的智能体"，审核需要一段时间。审核完成后，即可将链接分享给你的伙伴，一起享受智能体的便利（见图6.44）。

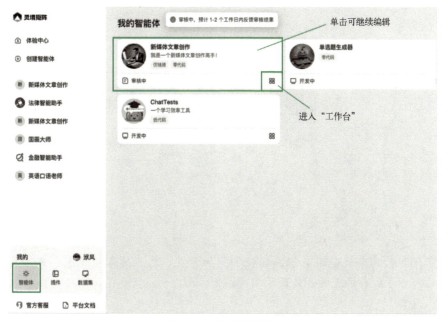

图6.44　分享智能体

项目 7
让机器拥有"听觉感知"能力——语音处理

在数字化时代的今天,语音识别让我们更加方便、自如地掌控信息。本项目将从文生音、音生文两个方面来讲述语音处理的实际应用。

任务 7.1 文生音

【任务描述】

文本转语音(文生音)可以通过多种方法实现,包括但不限于使用在线工具、手机应用程序、桌面软件等。以下是一些常见的方法。

1)在线工具。记灵在线工具、TTSReader、Google 文本转语音等,这些工具通常提供简单的界面,允许用户粘贴文本、选择语言和音色,然后转换生成语音文件。

2)手机应用程序。如录音转换宝、冬冬录音转文字、语音转文字专业版等,这些应用不仅支持文本转换,还提供其他功能,如录音转换、语音识别等。

3)桌面软件。如全能文字转语音等,这些软件允许用户在计算机上进行文本到语音的转换,并提供更多自定义选项。

4)专业平台。如华为云平台、阿里云平台的语音合成服务,这些服务提供更高级的功能和更广泛的用途。

此外,还可以使用微信小程序等工具实现文本到语音的转换。每种方法都有其优势和局限性,可以根据需要的功能和平台可用性选择最适合的方法。

【预备知识】

7.1.1 语音合成

1. 语音合成技术原理

语音合成(Test To Speech,TTS)是将文字转化为语音的一种技术,类似于人类的嘴巴,通过不同的音色说出想表达的内容。

在语音合成技术中，主要分为语言分析部分和声学系统部分，也称为前端模块和后端模块，见图 7.1。语言分析部分主要是根据输入的文字信息进行分析，生成对应的语言学规格书，想好该怎么读；声学系统部分主要是根据语言分析部分提供的语言学规格书，生成对应的音频，实现发声的功能。

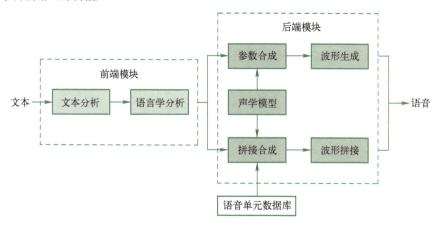

图 7.1 语音合成技术

（1）语言分析部分

语言分析部分的流程具体如下。

1）文本结构与语种判断：当需要合成的文本输入后，先判断是什么语种，例如中文、英文等，再根据对应语种的语法规则，把整段文字切分为单个的句子，并将切分好的句子传到后面的处理模块。

2）文本标准化：在输入需要合成的文本中，如果有阿拉伯数字或字母，需要转化为文字。根据设置好的规则，使合成文本标准化。例如，"请问您是尾号为 8967 的机主吗？""8967"为阿拉伯数字，需要转化为汉字"八九六七"，这样便于进行文字标音等后续的工作；再如，对于数字的读法，刚才的"8967"为什么没有转化为"八千九百六十七"呢？因为在文本标准化的规则中，设定了"尾号为+数字"的格式规则，这就是文本标准化中设置的规则。

3）文本转音素：在汉语的语音合成中，基本上是以拼音对文字标注的，所以需要把文字转化为相对应的拼音，但是有些字是多音字，怎么区分当前是哪个读音，就需要通过分词、词性句法分析，判断当前是哪个读音，并且是几声的音调。

例如，"南京市长 江大桥"为"nan2jing1shi4zhang3jiang1da4qiao2"或者"南京市 长江大桥""nan2jing1shi4chang2jiang1da4qiao3"。

4）句读韵律预测：人类在语言表达的时候总是附带着语气与感情，语音合成的音频是为了模仿真实的人声，所以需要对文本进行韵律预测，什么地方需要停顿，停顿多久，哪个字或者词语需要重读，哪个词需要轻读等，实现声音的高低曲折、抑扬顿挫。

（2）声学系统部分

声学系统部分目前主要有三种技术实现方式，分别为波形拼接、参数以及端到端的语音合成技术。

1）波形拼接语音合成技术。通过前期录制大量的音频，尽可能全地覆盖所有的音节音素，基于统计规则的大语料库拼接成对应的文本音频，所以波形拼接技术通过对已有库中的音节进行拼接，实现语音合成的功能。此技术需要大量的录音，录音量越大，效果越好，一般做得好的音库，录音量在 50 小时以上。

优点：音质好，情感真实。

缺点：需要的录音量大，覆盖要求高，字间协同过渡生硬、不平滑、不是很自然。

2）参数语音合成技术。参数合成技术主要是通过数学方法对已有录音进行频谱特性参数建模，构建文本序列映射到语音特征的映射关系，生成参数合成器。所以当输入一个文本时，先将文本序列映射到对应的音频特征，再通过声学模型（声码器）将音频特征转化为我们听得懂的声音。

优点：录音量小，可以实现多个音色共同训练，字间协同过渡平滑、自然。

缺点：音质没有波形拼接的好，机械感强、有杂音等。

3）端到端语音合成技术。端到端语音合成技术是目前比较热门的技术，通过神经网络学习的方法，实现直接输入文本或者注音字符，中间为黑盒部分，然后输出合成音频，对复杂的语言分析部分得到了极大的简化。所以端到端的语音合成技术，大幅降低了对语言学知识的要求，且可以实现多种语言的语音合成，不再受语言学知识的限制。通过端到端合成的音频，效果得到进一步的优化，声音更加贴近真人。

优点：对语言学知识要求降低，合成的音频拟人化程度更高、效果好，录音量小。

缺点：性能大幅降低，合成的音频不能人为调优。

以上主要是对语音合成技术原理的简单介绍，也是目前语音合成主流应用的技术。当前的技术也在迭代更新，目前比较流行的端到端技术有 WaveNet、Tacotron、Tacotron2 以及 DeepVoice3 等，感兴趣的朋友可以自己了解学习。

2. 技术边界

目前语音合成技术的应用是比较成熟的，比如前面说到的各种播报场景、读小说、读新闻以及现在比较常见的人机交互。但是目前语音合成还是存在着一些待解决的问题。

（1）拟人化

当前的语音合成拟人化程度已经很高了，但通常还是能听出来是否是合成的音频，因为合成音的整体韵律比真人要差很多，真人的声音是带有气息感和情感的。而语音合成的音频，声音很逼近真人，但是在整体的韵律方面会显得很平稳，不会随着文本内容有大的起伏变化，单个字词可能还会有机械感。

（2）情绪化

真人在说话的时候，可以察觉到其当前情绪状态，在语言表达时，通过声音就可以知道这个人是否开心，或者沮丧，也会结合表达的内容传达具体的情绪状态。例如在读小说的时候，小说中会有很多不同的场景和情绪，但是用语音合成的音频，整体感情和情绪是比较平稳的，没有很大的起伏。目前优化的方式有两种，一是加上背景音乐，不同的场景用不同的背景音乐，淡化合成音的感情情绪，让背景音烘托氛围。二是制作多种情绪下的合成音库，可以在不同的场景调用不同的音库来合成音频。

（3）定制化

很多客户有定制化的需求，例如用自己企业职员的声音制作一个音库，想要达到和语音合成厂商一样的效果，目前语音合成厂商的录音员基本上都是专业的播音员，不是任何一个人都满足制作音库的标准。如果技术可以使得每一个人的声音都达到 85%以上的还原，语音合成将应用于更多的场景。

3. 语音合成厂商

有很多厂商拥有语音合成技术，有互联网公司，也有一些只专注于人工智能的企业。

科大讯飞：科大讯飞的语音合成技术在全球范围内也是数一数二的，合成的音频效果自然度高，官网挂接的音库目前是最多的，且涉及很多场景，还有很多外语音库。

阿里巴巴：在阿里云官网的音库中，有几个音库的合成效果非常棒，例如艾夏，合成的音频播报带有气息感，拟人化程度相当高。

百度：百度的语音合成技术很强，但是官网提供的合成音库较少。

灵伴科技：这家公司在语音合成领域是不可忽略的。灵伴的合成效果也非常好，其中有一个以东北话为主的音库，整体的韵律、停顿、重读等掌握得很好。

标贝科技：标贝科技和灵伴科技一样，是语音合成领域不可小觑的企业，因为其语音合成的音频效果拟人化程度很高，每个场景的风格也很逼真。

捷通华声：捷通华声是一家老牌的人工智能企业，合成的音频效果整体是不错的，且支持多个语种的音库。

还有些企业没有一一列出来，上面这些企业是在平时项目中，或者 TTS 技术落地应用上比较多的企业。

4. 语音合成应用

语音合成的应用见图 7.2。

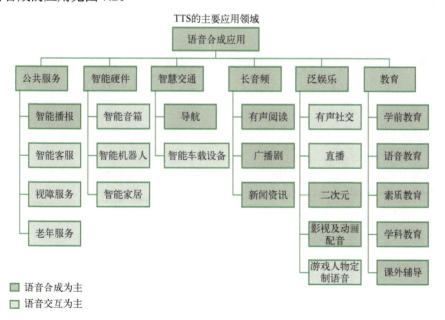

图 7.2　语音合成的应用

7.1.2　语言模型

语言模型主要分为规则模型和统计模型两种。统计语言模型是用概率统计的方法来揭示语言单位内在的统计规律，其中 N-Gram 简单有效，被广泛使用。

N-Gram 模型基于这样一种假设，第 n 个词的出现只与前面 $n-1$ 个词相关，而与其他任何词都不相关，整句 s 的概率就是各个词出现概率的乘积：

$$P(s) = P(w_1, w_2, \cdots, w_n) = P(w_1)P(w_2 | w_1)P(w_3 | w_1, w_2) \cdots P(w_n | w_1, \cdots, w_{n-1})$$

这些概率可以通过直接从语料中统计 N 个词同时出现的次数得到：

$$P(w_t | w_1^{t-1}) \approx P(w_t | w_{t-N+1}^{t-1})$$

常用的是 Bi-Gram（$N=2$）和 Tri-Gram（$N=3$），一般可以满足要求。

对于 Bi-Gram，每个词都与它左边的最近的一个词有关联，也就是对于 $P(A,B,C) = P(A)P(B|A)P(C|B)$。比如语句"猫，跳上，椅子"，$P(A=$"猫"，$B=$"跳上"，$C=$"椅子"$) = P($"猫"$)P($"跳上"$|$"猫"$)P($"椅子"$|$"跳上"$)$，其中各个词的数量在语料库中统计，见表 7.1 和表 7.2。

表 7.1　各个词在语料库中关联词的统计

词	猫	跳上	椅子
猫	0	9	1
跳上	0	3	15
椅子	0	0	0

表 7.2　各个词在语料库中出现数量统计

猫	跳上	椅子
13	16	23

依据表 7.1 和表 7.2 就可以求出 $P(A,B,C)$，也就是这个句子的合理的概率：

$$P(A,B,C) = P(A)P(B|A)P(C|B) = 13/23 \times 9/13 \times 15/16$$

【实施过程】

1. 创作歌曲

打开豆包（https://www.doubao.com/chat/），单击"音乐生成"（见图 7.3）。

图 7.3　豆包音乐生成

首先输入创作歌曲的主题，选择音乐风格（流行、国风等），选择歌手（男，女），选择情绪（兴奋、忧郁等），最后单击"↑"，见图 7.4。

完成创作歌曲，见图 7.5。

2. 云朗读

在豆包大模型输入"云朗读"，见图 7.6。

项目7 让机器拥有"听觉感知"能力——语音处理

图 7.4 选择创作歌曲参数

图 7.5 完成创作歌曲

不太明确你说的"云朗读"具体指的是什么呀。如果你是想把刚才生成的歌词通过语音朗读出来的话,很多软件都可以实现呢,比如一些手机自带的语音助手(像苹果的 Siri、安卓的小爱同学等),或者一些专业的语音朗读 APP(如讯飞有声等),你可以将歌词复制进去,让它们帮你朗读出来哦。

要是你说的"云朗读"有别的含义,可以详细和我讲讲哦。
朗读回答

图 7.6 大模型的一次对话

在对话框的左下角，有一个小喇叭，单击它就可以把你的回答通过"云"朗读出来。这种多模态输出可以提高用户体验。

3. 使用讯飞智作

讯飞智作是讯飞集团推出的一款人工智能语音合成平台。它集成了语音合成、语音识别、语音翻译、语音转写和声纹识别等多项高级技术，可以将文字转换成可供播放的自然语音，并提供多种语音合成方案和发音人选择。

操作步骤如下。

1）打开讯飞智作官网，单击"AI 语音合成"选项卡进入语音合成页面。
2）在文本框内输入需要转换的文字内容。
3）选择喜欢的发音人和性别，默认为讯飞小燕女。
4）选择合适的语速和音调，可以通过预览功能进行调节。
5）单击"合成语音"，等待几秒钟，讯飞智作将会自动将文字转换成语音。
6）听取生成的语音，如果不满意可以重复上述步骤进行调整，直到满意为止。

优点：转换速度快，几乎是实时的。
缺点：需要注册账号并购买相应套餐才能享受更多的功能。

任务 7.2　音生文

【任务描述】

语音转文本（音生文）可以通过多种方法实现，包括使用语音转文字应用程序、在线语音转文字工具、语音转文字软件，以及使用手机自带工具和其他智能工具。

语音转文字应用程序，如迅捷 PDF 转换器、Microsoft OneNote、Evernote 等，这些应用通常具有录音功能，并将语音转换为文字。

在线语音转文字工具，如百度语音识别、讯飞开放平台、腾讯云语音识别等，这些工具允许用户上传语音文件并自动转换为文字。

语音转文字软件，如 Dragon NaturallySpeaking、IBM Watson Speech to Text、Nuance Transcription Engine 等，这些软件通常提供更强大的功能和更高的准确性。

手机自带工具，如微信、搜狗输入法等，这些工具集成了语音转文字功能，可以直接使用。

【预备知识】

7.2.1　语音识别

语音识别是一门研究如何让机器"听"的科学，它主要是将人类语音中的词汇内容转换为计算机可读的输入，一般都是可以理解的文本内容，也有可能是二进制编码或者字符序列。但是，我们一般理解的语音识别其实都是狭义的语音转文字的过程，简称语音转文本识别（Speech-To-Text，STT）更合适，这样就能与语音合成对应起来，见图 7.7。语音识别的典型应用有语音助手、声控、同声译等。

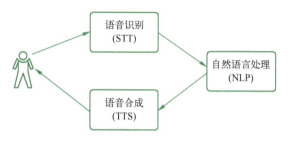

图 7.7　语音合成与语音识别

7.2.2　语音识别的发展历程

1961 年，IBM 研发 IBM Shoebox，能够执行数学函数并执行语音识别。它识别了 16 个口语单词，包括数字 0～9。随后语音识别一直处于 GMM-HMM 时代，语音识别精准率提升缓慢，尤其是 2000—2009 年语音识别精准率基本处于停滞状态；2009 年，随着深度学习技术，特别是 DNN 的兴起，语音识别框架变为 DNN-HMM，语音识别进入了 DNN 时代，语音识别精准率得到了显著提升；2015 年以后，由于"端到端"技术兴起，语音识别进入了百花齐放时代，语音界都在训练更深、更复杂的网络，同时利用端到端技术进一步大幅提升了语音识别的性能，直到 2017 年微软在 Swichboard 上达到词错误率 5.1%，从而让语音识别的准确性首次超越了人类，当然这是在一定限定条件下的实验结果，还不具有普遍代表性。

7.2.3　语音识别的应用

（1）智能家居

智能家居的开展也在很大程度上依赖于语音识别技术。语音控制家居，从设备开启、关闭到温度控制、光线调节，甚至是音乐播放等，都能够通过智能家居实现，极大地提高了家居生活的舒适度和便捷度，更好地满足人们的日常需求。

（2）智能客服

智能客服系统的应用越来越广泛，并且越来越受到用户的欢迎。语音识别技术已经广泛应用于智能客服系统，通过语音识别系统可以进行语音交互，为客户提供帮助，大幅提高了客户服务的效率，简化了客户的操作流程。同时，这也为提升企业的客户服务能力提供了有力的技术支撑。

（3）手机语音助手

手机语音助手让我们更加方便地使用手机。通过语音识别技术，手机可以根据用户的语音指令进行一系列的操作，例如播放音乐、拨打电话、发送短信等。手机语音助手带给我们的不仅仅是方便和应用场景的扩大，更是我们的生活方式和消费观念的改变。

（4）自动驾驶

自动驾驶已经成为未来交通的一大趋势。而在自动驾驶领域，语音识别技术也正在发挥着越来越重要的作用。它不仅仅应用于自动驾驶汽车的交流语言，还可以辅助司机通过语音与车载电子设备进行交互。语音识别技术在自动驾驶技术的应用可谓是融入无声，实现了更加自然和无障碍的人车交互。

【实施过程】

声音怎么转文字？有时候，我们需要将声音转化为文字，比如整理会议记录、为听力障碍者提供帮助等。将声音转换为文字可以通过多种方式实现，包括使用语音识别软件、在线转换工具、手机应用程序等。下面将介绍迅捷视频转换器。

它是一款功能强大的视频格式转换软件，同时也具备音频转文字功能。除了音频转文字功能外，它还支持多种视频格式的相互转换，并且具备视频裁剪、合并、调整等功能。

以下是使用视频转换器进行声音转文字的步骤。

1）打开视频转换器软件，选择"音频转文字"功能（见图7.8）。

图7.8 选择"音频转文字"

2）导入需要转换的音频文件，可以通过单击"添加文件"按钮选择音频文件，也可以直接将音频文件拖拽到软件界面中（见图7.9）。

1. 拖拽一个文件或多个文件到视频转换区；单击"添加文件"按钮添加单个文件；单击"添加文件夹"添加文件夹中所有文件，都可以完成视频的添加

2. 单击"全部转换"按钮，视频开始转换，当转换进度条加载完毕代表视频转换成功

3. 单击"打开文件"可以打开转换成功视频所在的文件夹，并自动定位到文件所在位置

图7.9 导入音频文件

在软件界面下方选择输出格式和识别语种。常见的输出格式包括txt和Word，识别语种可以选择中文或英文等。

单击"全部转换"按钮，迅捷视频转换器将开始进行音频转文字的工作。整个过程很快，一般在几分钟内就能完成。转换完成后，可以在指定的文件夹中找到转写的文字文件。

使用场景包括但不限于以下情况。
1）需要将视频中的声音转换成文字，以便于编辑、整理或记录。
2）需要将视频中的语音内容转换成文字，以便于翻译或整理成文本格式。

任务 7.3　数字人播报

【任务描述】

数字人是利用深度神经网络进行图像合成、高度拟真的虚拟人。数字人有着高效率的内容输出和内容生产能力，可以快速复刻真人形象，高度还原人物相貌、表情和行为。数字人凭借"以假乱真"的声音、形象、表情等，成为跨界人工智能、自媒体、科普多个应用场景。

【预备知识】

7.3.1　数字人

1. 什么是数字人

数字人（Digital Human），是运用数字技术创造出来的、与人类形象接近的数字化人物形象。

狭义的数字人是信息科学与生命科学融合的产物，是利用信息科学的方法对人体在不同水平的形态和功能进行虚拟仿真。其研究过程包括四个交叉重叠的发展阶段，"可视人""物理人""生理人""智能人"，最终建立多学科和多层次的数字模型并达到对人体从微观到宏观的精确模拟。广义的数字人是指数字技术在人体解剖、物理、生理及智能各个层次、各个阶段的渗透。

数字人的核心技术主要包括计算机图形学、动作捕捉、图像渲染、AI 等。根据人物图形资源的维度，数字人可分为 2D 和 3D 两大类，从外形上又可分为 2D 真人、2D 卡通、3D 卡通、3D 风格化、3D 写实、3D 超写实、3D 高保真等多种。根据驱动的维度，数字人可分为真人驱动和 AI 驱动两种。根据商业和功能维度，数字人可分为内容/IP 型、功能服务型和虚拟分身三种。

2. 数字人的应用领域

1）娱乐产业：在电影、游戏和虚拟现实等领域，数字人作为主角或角色，为我们带来了震撼的视觉体验和引人入胜的故事情节。

2）商业领域：数字人可以作为智能客服，提供 24 小时在线服务；可以作为虚拟代言人，为品牌和产品进行推广；还可以作为虚拟导游，为用户提供景点介绍和导航服务。

3）教育领域：数字人可以作为教学辅助工具，帮助学生更好地理解和掌握知识。例如，在医学领域，数字人可以模拟患者的症状和体征，帮助学生进行实践操作和学习。

4）艺术与创意：数字人还可以被艺术家和创作者用来创作音乐、舞蹈和其他形式的艺术作品，为观众带来全新的艺术体验。

7.3.2　能够理解世界模型的 Sora

OpenAI 推出的 Sora 再一次引爆全球。作为 AI 视频模型，Sora 可以根据文本指令创建现实且富有想象力的复杂场景的高清视频。

Sora 对语言的理解也达到了一个新的层级，能够准确地理解提示词，并生成表达充满活力和情感的视频。它建立在过去对 DALL-E 和 GPT 模型的综合研究之上，提出了一种新的模型。它不仅可以理解用户在提示中提出的要求，还能理解它们在物理世界中的存在方式。

1. AIGC 视频生成工具

文本生成视频目前还处于起步阶段，目前市面上比较常见的视频生成工具有以下几种。

（1）Make-A-Video

Meta 公司在 2022 年 9 月推出人工智能系统模型，可以从给定的文字提示生成短视频，例如根据"一只穿着红色斗篷超级英雄服装的狗，在天空中飞翔"生成视频（见图 7.10）。

图 7.10 Make-A-Video 生成的视频

模型采用图像合成数据和未经标记的视频来进行训练，模型在学习之后能够"预测"图像接下来会发生什么、移动到哪个位置，并在极短的时间内移动到图像将会出现的位置，以此构成一个短视频。

网页地址：https://makeavideo.studio。

（2）Pika Labs

优势：支持利用提词器控制画面当中的元素进行动态转换，且不会破坏画面整体的协调性。同时还可以分辨画面中的元素，合理生成图上不存在的内容。

（3）腾讯智影

其功能主要包括正版版权素材收集、视频剪辑、后期包装、渲染导出和发布，用户可以通过上传照片和文本，生成一段数字人视频。

网页地址：https://zenvideo.qq.com。

其实整体来看 AIGC 视频生成工具生成的视频样式还需要不断迭代，才会更适合短视频的传播性，建议用 AIGC 生成文本内容，导入剪映这类 APP 中自动生成短视频效果可能会更好些。

（4）OpenAI 推出的 Sora

网址：https://openai.com。

2. Sora 能力

作为一种扩散模型,Sora 除了能够根据文本指令生成视频之外,还能够获取现有的静态图像并从中生成视频,准确地刻画图像的内容并关注小细节。Sora 还可以获取现有视频并对其进行扩展或填充缺失的画面。

Sora 的研究结果表明,扩展视频生成模型是构建物理世界通用模拟器的一条极具前景的途径。它使人工智能理解和模拟运动中的物理世界,迈向了一个新的高度。

因此,Sora 也被认为是 AIGC 的重大里程碑事件,而不仅仅只是视频生成。

从以下几个部分展开说明 Sora 能力。

(1)世界模拟器

OpenAI 探索了在视频数据上进行大规模训练生成模型。具体来说,OpenAI 联合训练了文本条件扩散模型,可以处理不同持续时间、分辨率和宽高比的视频和图像;采用 Transformer 架构。

(2)将视觉数据转换为图像块

Sora 从大语言模型中获得灵感,这些模型通过大规模数据训练来获得通用能力。这种范式的成功在一定程度上得益于使用词元编码/令牌(Token),大语言模型巧妙地统一了文本的多种形式——代码、数学和各种自然语言。在 Sora 中,考虑如何让视觉数据的生成模型继承这些好处。与拥有文本令牌不同的是,Sora 拥有视觉块嵌入编码(Visual Patches)。视觉块已被证明是视觉数据模型的一种有效表示(见图 7.11)。首先,将高维视频压缩到一个低维潜在空间,然后,将表示分解成时空嵌入,从而将视频转换成一系列编码块。

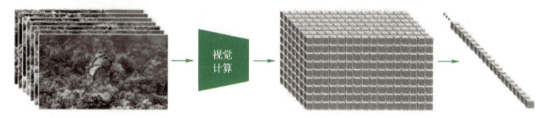

图 7.11 将视觉数据转换为图像块

(3)视频压缩网络

OpenAI 训练了一个用于降低视觉数据维度的网络。这个网络将原始视频作为输入,并输出一个在时间和空间上都被压缩的潜在表示。Sora 在这个压缩的潜在空间内接受训练,并随后生成视频。同时还训练了一个相应的解码器模型,将生成的潜在表示映射回像素空间。

(4)隐空间时空编码块

给定一个压缩的输入视频,提取一系列时空编码块作为 Transformer 令牌。这种方案也适用于图像,因为图像只是帧数为单一的视频。基于图像块的表示使得 Sora 能够训练不同分辨率、持续时间和宽高比的视频和图像。在推理时,可以通过在适当大小的网格中排列随机初始化的编码块来控制生成视频的大小。

(5)扩展 Transformer 用于视频生成

Sora 在给定输入的噪声块(以及像文本提示这样的条件信息)的情况下,被训练用于预测原始的"干净"块。重要的是,Sora 是一个扩散 Transformer 模型(见图 7.12)。Transformer 在包括语言建模、计算机视觉和图像生成等多个领域展现了显著的扩展属性。

图 7.12 扩散 Transformer 模型

在研究中发现，扩散 Transformer 模型作为视频模型也能有效地扩展。图 7.12 展示了随着训练计算量的增加，样本质量显著提高。

（6）可变持续时间、分辨率、宽高比

过去在图像和视频生成中的方法通常会将视频调整大小、裁剪或剪辑到一个标准尺寸，例如，4s 长的视频，分辨率为 256×256。研究发现，直接在数据的原始尺寸上进行训练可以带来许多好处。

（7）采样灵活性

Sora 可以采样宽屏 1920×1080p 视频、竖屏 1080×1920 视频以及介于两者之间的所有格式。这使得 Sora 能够直接按照不同设备的原始宽高比创建内容。它还允许我们在使用同一模型生成全分辨率内容之前，快速原型化较小尺寸的内容（见图 7.13）。

图 7.13 灵活采样

（8）改进的构图和画面组成

实证发现，在视频的原始宽高比上进行训练可以改善构图和取景。将 Sora 与一个版本的模型进行了比较，该模型将所有训练视频裁剪成正方形，这是训练生成模型时的常见做法。在正方形裁剪上训练的模型（7.14a）有时会生成主体只部分出现在视野中的视频。相比之下，来自 Sora 的视频（7.14b）具有更完善的取景，见图 7.14。

a)   b)

图 7.14 改进画面生成

(9) 语言理解

训练文本到视频生成系统需要大量带有相应文字标题的视频。Sora 将在 DALL-E 3 中引入的重新标注技术应用到视频上。首先训练一个高度描述性的标注模型，然后使用它作为训练集中的所有视频生成文字标题。结果发现，在高度描述性的视频标题上进行训练可以提高文本的准确性以及视频的整体质量。

(10) 使用图片和视频进行提示

Sora 可以通过其他输入进行提示，例如预先存在的图片或视频。这项能力使得 Sora 能够执行广泛的图像和视频编辑任务——为静态图像添加动画。

(11) 视频到视频编辑

扩散模型使得从文本提示编辑图像和视频的方法层出不穷。将 SDEdit 应用于 Sora，使得 Sora 能够转换输入视频的风格和环境。

(12) 连接视频

可以使用 Sora 在两个输入视频之间逐渐插值，创建在完全不同主题和场景构成的视频之间的无缝过渡，例如，图 7.15b 的视频在图 7.15a 和图 7.15c 对应视频之间进行插值。

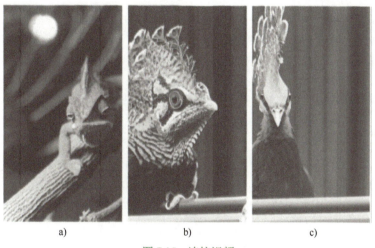

图 7.15　连接视频

(13) 图像生成能力

Sora 可以通过在具有一个帧时间范围的空间网格中排列高斯噪声块来生成图像（见图 7.16）。该模型可以生成不同大小的图像——分辨率最高可达 2048×2048。

图 7.16　秋天里一位女性的特写

(14) 涌现的模拟能力

当在大规模数据上训练时，视频模型展现出许多有趣的新兴能力。这些能力使得 Sora 能够模拟现实世界中人类、动物和环境的某些方面。Sora 能够生成具有动态相机运动的视频。随着相机的移动和旋转，人物和场景元素在三维空间中保持一致地移动（见图7.17）。

图 7.17　动态相机运动的视频

(15) 模拟数字世界

Sora 能够模拟数字世界，例如视频游戏。Sora 可以在同时控制"我的世界"中的玩家采用基本策略的同时，还能以高保真度渲染世界及其动态。

这些能力表明，持续扩展视频能够高度模拟物理世界和数字世界及其内部的物体、动物和人类。

【实施过程】

1. 闪剪简介

闪剪（https://shanjian.tv）是一款基于 AI 数字人、AI 配音技术的口播视频创作平台，通过"分身数字人"可以批量输出口播类短视频。闪剪的图文快剪颠覆了传统视频工具的剪辑条内容编写形式，只需在界面输入文案、上传图片，即可驱动数字人，生成形似真人说话的多场景口播视频，实现团队 IP 矩阵营销引流，助力企业视频营销降本增效。

（1）200+数字人模特，你想要的形象应有尽有

闪剪平台通过 AI 数字人技术复刻 200+数字人模特分身，并拥有商业版权。在视频制作过程中，企业只需要将文字、图片、视频简单排版，结合 AI 配音和 AI 数字人，便可一键合成口播短视频。无论你是想做知识类博主、法律类博主，还是想要做产品介绍，各个场景都能找到合适的数字人演员。

（2）200+视频模板，一键制作即可开启创作

闪剪平台拥有 200+覆盖各行各业的热门数字人视频模板，如社交、运营商、电商、游戏、房产、金融、保险等行业，企业不需要自己制作视频，只需一键替换模板文案与图片，就能批量生产真人出镜口播营销素材，即使是一个实习生，也可以日产数十条视频，效率 10 倍升级。

（3）丰富的 AI 配音，满足多种视频风格需求

平台拥有覆盖国内外的 24 种以上语种的 AI 配音，如亚洲、非洲、欧洲等国际化数字人形象，丰富的配音库含中文、日语、德语、法语、俄语等多国语言，更有印尼语、西班牙语、葡萄牙语、新西兰毛利语等小语种，还有很多搞笑、情感、新闻等类型的配音，满足

TikTok、YouTube 等国际化口播视频场景需求。

（4）数字人定制化服务，轻松打造个人 IP

闪剪平台除了拥有 200+通用数字人模特形象，还能为用户量身定制自己的数字人分身，只需一段 3min 的口播视频，就可以克隆专属定制数字人，输入文案即可生成视频，适用于企业宣传、短视频 IP 等领域，解决 IP 主视频的拍摄时间长、成本高等问题。

无论是做自媒体还是品牌营销，拥有一款功能齐全的视频工具，都是至关重要的。数字人视频制作平台不仅简化了人们对多元化互动的需求，还能在多个领域发挥强大的支持与帮助效应。闪剪数字人提供了免费版和付费版两种版本，免费版可以使用所有的功能，但是有一定的限制，付费版则可以解除这些限制，并且享受更多的优惠和服务，例如每月可以生成无限条视频，每条视频最长 300s，每个月可以使用无限次直播快剪功能等。

2. 数字人直播制作

闪剪主页见图 7.18。

图 7.18　闪剪主页

单击"开始创作"，从模板里选择你希望的数字人，录入要播报的文本，在适当的位置插入"停顿"，确认无误后，可以预览并导出视频，见图 7.19。

图 7.19　选择数字人和播报文本

如果模板里没有你满意的数字人，可以定制自己的数字人，见图7.20。

图 7.20　定制数字人

定制数字人之前需要录制一段视频，上传视频后，单击"开始训练"即可生成，见图7.21。

图 7.21　数字人训练过程

项目 8
让机器拥有"视觉感知"能力——计算机视觉

计算机视觉是一门关于如何运用照相机和计算机来获取人们所需的、被拍摄对象的数据与信息的学问。形象地说,就是给计算机安装上眼睛(照相机)和大脑(算法),让计算机能够感知环境,是一门研究如何让机器"看"的科学。计算机视觉在各行各业应用广泛,工业上,有产品瑕疵监测、包装计数等应用,在农业上,有产量评估、果实采摘等应用。

任务 8.1 图像分类——智能垃圾箱

【任务描述】

(1)业务背景

2017 年 3 月底,国家发展改革委、住房城乡建设部共同发布了《生活垃圾分类制度实施方案》,要求在直辖市、省会城市、计划单列市以及第一批生活垃圾分类示范城市,先行实施生活垃圾强制分类工作。但是距离居民养成垃圾分类的习惯,这条路还很长,日本花了 27 年,德国花了 40 年。因此对于居民的垃圾分类监控,辅助分类等成为政府、环保部门的痛点问题。某环保科技公司希望通过 AI 能力对居民投放的垃圾进行分类,以智能垃圾箱的形态来帮助居民进行垃圾投放分类以及建立垃圾回收的生态。

(2)业务难点

AI 模型的训练需要有图片对应标注的数据集,海量的垃圾图片需要进行标注,成本高,且人工标注效率低;模型效果调优周期长,需要反复添加数据进行模型迭代,效率低下;智能垃圾箱处于户外,联网条件不稳定,需要边缘硬件部署 AI 能力,批量硬件部署成本高,部署效率低下。

(3)解决方案

使用 EasyDL 图像分类任务,无须了解 AI 算法知识,提交少量图片进行训练,即可快速获得能够识别各类垃圾照片的 AI 模型。标注少量数据后可使用智能标注功能,完成大量原始数据的标注,来进行模型训练与迭代。EasyDL 还提供软硬一体方案,将 AI 模型部署在性价比高的百度 EdgeBoard 智算盒，能够满足识别居民垃圾投放的场景需求。

【预备知识】

8.1.1 计算机视觉任务

计算机视觉的主要任务就是通过对采集的图像或视频进行处理以获得相应场景的信息，主要任务如下。

图像分类：图像分类就是给输入图像分配标签，解决"有""无"的问题，见图 8.1a。

物体检测：物体检测就是用框标出物体的位置，并给出物体的类别。物体检测和图像分类不一样，检测侧重于物体的搜索，并且物体检测的目标必须要有固定的形状和轮廓。解决"在哪"的问题，见图 8.1b。

图像分割：在图像处理过程中，有时会需要对图像进行分割来提取有价值的、便于后继处理的部分，图像分割是像素级操作，解决"有几类"（语义分割，见图 8.1c）、"每类有几个"（实例分割，见图 8.1d）的问题。

a) 图像分类（有物体）

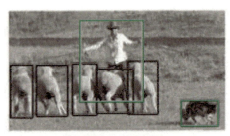
b) 物体检测（物体位置）

c) 语义分割（三类：人、羊、狗）

d) 实例分割（1个人、1条狗、5只羊）

图 8.1 计算机视觉任务

8.1.2 图像分类

图像分类是计算机视觉中重要的基本任务，也是物体检测、目标分割、目标跟踪、行为分析等其他高层视觉任务的基础。一般来说，图像分类通过提取图像的特征对整个图像进行全部描述，然后使用分类器判别物体类别，因此如何提取图像的特征至关重要。基于深度学习的图像分类方法，通过层次化的特征描述，取代了手工提取图像特征的工作。

1. 图像分类过程

通常，建立图像识别模型一般包括底层特征学习、特征编码、空间约束、分类器设计、模型融合等几个阶段。

而基于深度学习的图像分类过程见图8.2。

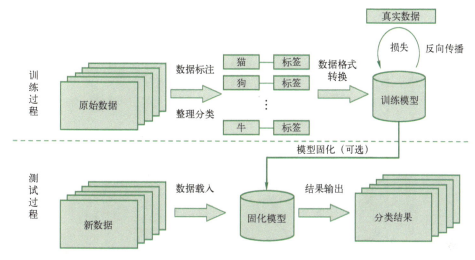

图 8.2　图像分类过程

2. 图像分类的困难

一个好的模型既要对不同类别识别正确，同时也应该能够对不同视角、光照、背景、变形或部分遮挡的图像正确识别（这里统一称作图像扰动）。图 8.3 展示了一些图像的扰动，较好的模型会像人类一样能够正确识别出图像。

图 8.3　扰动图像示例

3. 图像分类的类别

（1）粗粒度图像分类

粗粒度图像分类也称为跨物种语义级别的图像分类，是在不同物种的层次上识别不同类别的对象，比较常见的包括猫狗分类等。这样的图像分类，各个类别之间因为属于不同的物种或大类，往往具有较大的类间方差，而类内则具有较小的类内误差。图 8.4 是 cifar10 数据集中的 10 个类别的示意图。

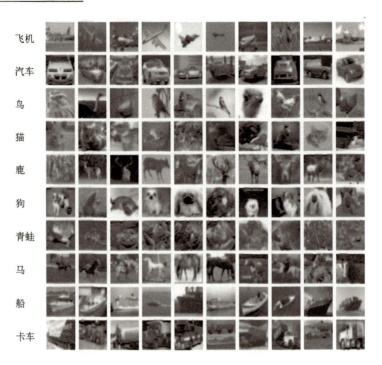

图8.4 跨物种图像分类数据集

（2）细粒度图像分类

细粒度图像分类是在区分出基本类别的基础上，进行更精细的子类划分，如区分鸟的种类、车的款式、狗的品种等，目前在工业界和实际生活中有着广泛的业务需求和应用场景。

细粒度图像相较于粗粒度图像具有更加相似的外观和特征，加之采集中存在姿态、视角、光照、遮挡、背景干扰等影响，导致数据呈现类间差异性大、类内差异性小的现象，从而使分类更加具有难度（见图8.5）。

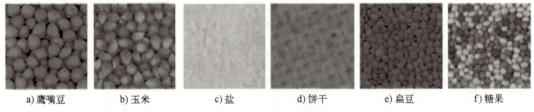

图8.5 细粒度图像分类

（3）多标签图像分类

现实生活中的图片中往往包含多个类别的物体，相较于多类别图像分类，它更加符合人的认知习惯。多标签图像分类可以识别出图像中是否同时包含这些内容（见图8.6）。

图8.6 多标签图像分类

(4)实例级图像分类

如果要区分不同的个体,而不仅仅是物种类或者子类,那就是一个识别问题,或者说是实例级别的图像分类,最典型的就是人脸识别(见图8.7)。

图 8.7 实例级图像分类

4. 图像分类的应用

1)医学图像病灶分类(良性、恶性)。

2)教育行业中,根据人脸特征,记录学生的听课状态(打盹、走神、小动作、举手等)。

3)交通行业中,自动识别违规驾驶员(接电话、不系安全带等)、车牌识别、交通标识识别等。

4)视频分类(搞笑、美食、时尚、旅游、娱乐、生活、资讯、亲子、知识、游戏、汽车、财经、萌宠、运动、音乐、动漫、科技、健康等)。

8.1.3 EasyDL

EasyDL(https://ai.baidu.com/easydl)基于飞桨开源深度学习平台,面向企业 AI 应用开发者提供零门槛 AI 开发平台,实现零算法基础定制高精度 AI 模型。EasyDL 提供一站式的智能标注、模型训练、服务部署等全流程功能,内置丰富的预训练模型,支持公有云、设备端、私有服务器、软硬一体方案等灵活的部署方式。

1. 模型定制

EasyDL 面向零算法基础或者追求高效率开发 AI 的企业用户,提供图像、文本、音频、视频、表格数据多个技术方向的模型定制(见图8.8)。

2. 丰富的服务部署方式

EasyDL 模型训练阶段需要在线训练。训练完成后,可将模型部署在公有云服务器、私有本地服务器,封装成可离线运行的设备端 SDK,或直接购买软硬一体方案,有效应对各种业务场景对模型部署要求。

EasyDL图像 　　　　　　　EasyDL文本 　　　　　　　EasyDL语音

图像分类　物体检测　图像分割　　分类任务　匹配任务　序列标注任务　　语音识别　声音分类

定制基于图像进行多样化分析的AI模型，实现图像内容理解分类、图中物体检测定位等，适用于图片内容检索、安防监控、工业质检等场景　　基于百度大脑文心领先的语义理解技术，提供一整套NLP定制与应用能力，广泛应用于各种自然语言处理的场景　　定制语音识别模型，精准识别业务专有名词，适用于数据采集录入、语音指令、呼叫中心等场景，以及定制声音分类模型，用于区分不同声音类别

EasyDL OCR 　　　　　　EasyDL视频 　　　　　　　EasyDL结构化数据

文字结构化识别　　　　　　　目标跟踪　视频分类　　　　　表格预测

定制化训练文字识别模型，结构化输出关键字段内容，满足个性化卡证据识别需求，适用于证照电子化审批、财税报销电子化等场景　　定制化分析视频片段内容、跟踪视频中特定的目标对象，适用于视频内容审核、人流/车流统计、养殖场牲畜移动轨迹分析等场景　　挖掘数据中隐藏的模式，解决二分类、多分类、回归等问题，适用于客户流失预测、欺诈检测、价格预测等场景

图 8.8　EasyDL 应用场景

（1）公有云 API

训练完成的模型存储在云端，可通过独立 Rest API 调用模型，实现 AI 能力与业务系统或硬件设备整合；具有完善的鉴权、流控等安全机制，GPU 集群稳定承载高并发请求；支持查找云端模型识别错误的数据，纠正结果并将其加入模型迭代的训练集，不断优化模型效果。

（2）私有服务器部署

可将训练完成的模型部署在私有 CPU/GPU 服务器上，支持私有 API 和服务器端 SDK 两种集成方式；可在内网/无网环境下使用模型，确保数据隐私。

（3）设备端 SDK

训练完成的模型被打包成适配智能硬件的 SDK，可进行设备端离线计算；有效满足业务场景中无法联网、对数据保密性要求较高、响应时延要求更快的需求；支持 iOS、Android、Linux、Windows 四种操作系统，基础接口封装完善，满足灵活的应用侧二次开发。

（4）软硬一体方案

为进一步提升前端智能计算的用户体验，EasyDL 推出前端智能计算-软硬一体方案。将百度推出的高性能硬件与 EasyDL 图像分类/物体检测模型深度适配，可应用于工业分拣、视频监控等多种设备端离线计算场景，让离线 AI 落地更轻松。

 【实施过程】

1. 数据准备

本任务的应用场景是在智能垃圾箱中提供投放垃圾的分类功能，因此数据采集的照片要尽量贴合用户拍摄的场景，具备真实性，包含多种光照条件（一定需要包括早/晚/开灯/未开灯的情况），这样才能保证训练模型的效果。切勿使用网络图片进行训练。

应用场景需要对"厨余垃圾""可回收垃圾""有害垃圾""其他垃圾"进行分类，而同种垃圾类别下的不同物品之间的视觉感官差异太大，如果将所有"厨余垃圾"定义为同一种标签，AI 识别效果会比较差，例如猪肉和白菜同时定义为厨余垃圾，但 AI 识别时可能对猪肉和白菜的识别效果都不尽人意。因此需要采集在垃圾传送带中主体（具体垃圾）明确的原始图片，并将其具体物品定义为一种标签，例如猪肉照片被定义为"猪肉"，白菜照片被定义为"白菜"，再在开发应用时，将猪肉和白菜标签对应到"厨余垃圾"的逻辑中。

在应用场景中，对于包装为垃圾袋整体扔入垃圾箱的居民，需要及时进行反馈和警告。因此"垃圾袋"要单独被设定为一种标签类别。

第 1 步，在 EasyDL 官网单击"立即使用"，选择图像分类任务。

第 2 步，在"数据总览"页中单击"创建数据集"，创建一个"垃圾分类"数据集（见图 8.9）。

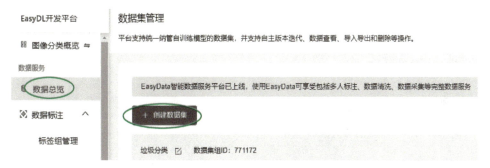

图 8.9　创建数据集

第 3 步，输入数据名称，单击"创建并导入"（见图 8.10）。

图 8.10　创建并导入

第4步，上传本地压缩包"garbage.zip"，并确认（见图8.11）。

图8.11　上传本地压缩包

第5步，在数据总览中可以看到数据已经导入，单击右侧的"查看"就可以标注上传的原始图片数据（见图8.12）。

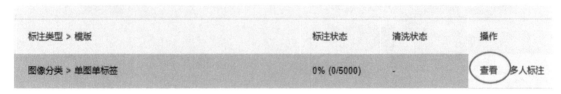

图8.12　数据标注

2. 模型训练

第1步，在"模型训练"中创建新模型（见图8.13）。

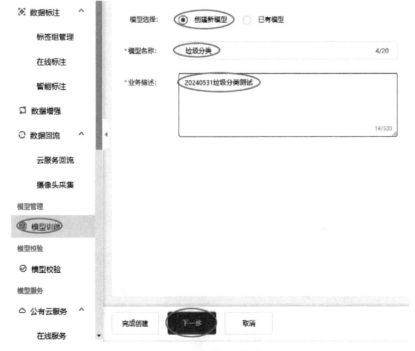

图8.13　创建新模型

第 2 步，在刚才创建好的模型操作栏中，单击"训练"，准备开始配置训练任务（见图 8.14）。

图 8.14　模型训练

第 3 步，配置训练数据集（见图 8.15）。

图 8.15　配置训练数据集

第 4 步，配置训练参数。训练配置有很多功能，可根据业务的需求考虑后选择。部署方式分为公有云部署和本地部署，因为垃圾分类的 AI 能力是应用在智能垃圾箱中，网络环境不稳定，且智能垃圾箱需遍布城市各个角落，是需要控制硬件成本的应用场景，因此选择本地部署中的专项适配硬件 EdgeBoard 部署（见图 8.16）。在选择算法时可根据应用场景是更加看重识别精度还是识别结果返回的速度，来决定是选择高精度还是高性能算法。在垃圾分类的应用场景中，更加看重性能，需要用实时推理返回结果来提示居民是否正确投放垃圾，因此这里选择高性能模型。配置完训练策略后，即可添加刚才导入的数据集作为训练数据，单击"开始训练"。

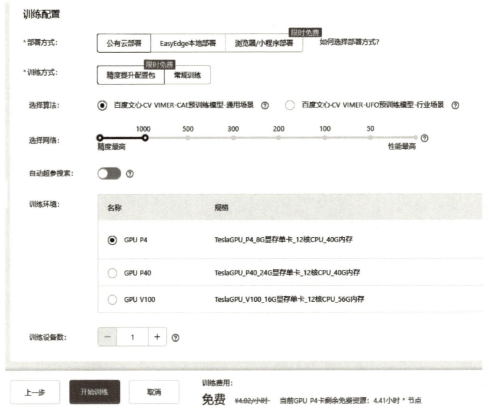

图 8.16　配置训练参数

第 5 步，在"我的模型"页面可以查看模型的训练状态（见图 8.17）。

图 8.17　模型训练中

3. 模型部署

在模型训练完成后，可单击对应操作栏的“申请发布”，将模型发布为 EdgeBoard 专项适配的 SDK-纯离线服务（见图 8.18）。

数据底库状态	服务状态	模型效果	操作
生成完成	未发布	top1准确率：90.37% top5准确率：100.00% 完整评估结果	免训练模式数据底库校验 申请发布

图 8.18　模型发布

在模型发布完成后，即可在离线服务下载 SDK 进行本地部署。

任务 8.2　物体检测——芯片引脚缺失检测

【任务描述】

芯片引脚常见的缺陷有引脚的缺失，引脚位置、长短超出合适的范围，引脚偏移、弯曲等，这些缺陷会导致连接件连接不良或者短路问题。因此，需要对芯片引脚实行严格的质量检测，这也是芯片企业降低成本的关键。目前很多企业检测方式为人工抽检，人工检测不仅精度达不到要求，而且检测的效率很低，严重制约了产品的产量及质量。

本任务针对传统芯片引脚缺陷检测方式的缺点，运用机器视觉检测方法，将深度学习与机器视觉相融合，基于百度飞桨 EasyDL 人工智能平台实现一套自动化、智能化的芯片引脚缺陷检测系统（见图 8.19）。

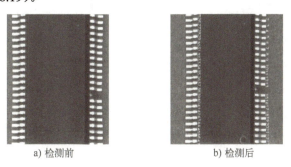

a) 检测前　　　　b) 检测后

图 8.19　芯片引脚缺陷检测效果图

【预备知识】

8.2.1　物体检测

物体检测的主要任务是检测图中每个物体的位置、类型，适合图中有多个主体要识别、或要识别主体位置及数量的场景。本任务以芯片引脚缺失检测模型为例，展示物体检测模型训练全过程。

物体检测包含以下几个方面的需求。

1)在任意大小的图像中确定物体数量、大小和位置。

2)确定图像中各个物体的类别。

物体检测任务不同于图像分类任务,不仅要对各个对象进行分类和定位,而且要检测出对象边界框,见图8.20。

图 8.20　物体检测任务

8.2.2　物体检测基本原理

物体检测的基本原理是,首先获取候选区域,然后对候选区域进行类别判定和位置修正。在正确的目标位置附近,会产生较多的候选边框,此时保留 IoU 小于阈值的候选框,将多余的边框删掉(见图8.21)。

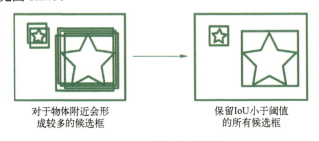

图 8.21　去掉多余的候选框

IoU=$(A \cap B)/(A \cup B)$,其中,图片真实框为 A,预测框为 B,IoU 取值区间为[0,1],所以 IoU 越大,两框重合程度越大。

8.2.3　物体检测应用

1)行人检测:行人检测是利用计算机视觉技术判断图像或者视频序列中是否存在行人并给予精确定位。该技术可与行人跟踪(见图8.22)、行人重识别等技术结合,应用于车辆辅助驾驶系统、机器人、无人机、视频监控、人体行为分析、行人流量统计、智能交通等领域。

2)车辆检测:车辆检测在智能交通、视频监控、自动驾驶中有重要的地位(见图 8.23)。车流量统计、车辆违章的自动分析等都离不开车辆检测,在自动驾驶中,首先要解决的问题就是确定道路在哪里,周围有哪些车、人或障碍物。

项目 8　让机器拥有"视觉感知"能力——计算机视觉

图 8.22　行人检测

图 8.23　车辆检测

3）人脸检测：人脸检测是人脸识别应用中重要的一个环节，主要用于确定人脸在图像中的大小和位置，即解决"人脸在哪里"的问题，把真正的人脸区域从图像中裁剪出来，便于后续的人脸特征分析和识别（见图 8.24）。

图 8.24　人脸检测

【实施过程】

1. 数据准备

1）TrainingDataset（训练数据集）：用于训练 EasyDL 比赛模型（在 EasyDL 创建数据集中使用）。

2）Testdataset（测试数据集）：用于测试 EasyDL 比赛模型的准确性。

3）UnlabelledDataset（无标注数据集）：用于测试模型的最终效果。

2. 操作过程

第 1 步：准备训练数据。

图 8.25 为部分训练数据示例。

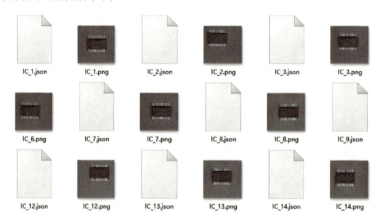

图 8.25　准备训练数据

每个图片的标注是一个 json 文件。

第 2 步：创建数据集。

在数据总览界面单击"创建数据集"（见图 8.26）。

图 8.26　创建数据集

第 3 步：导入数据。

数据集创建完成后可在"数据总览"查看已创建完成的数据集，单击"导入"跳转至导

项目 8 让机器拥有"视觉感知"能力——计算机视觉

入数据界面(见图 8.27)。

图 8.27 导入数据

第 4 步:标注数据。

由于本项目使用 json 文件对图像标注,所以省略手工标注步骤。

第 5 步:创建模型。

单击"模型训练",进入模型创建界面(见图 8.28)。

图 8.28 创建模型

第 6 步：模型训练。
同图像分类。
第 7 步：发布模型。
同图像分类。
第 8 步：导出 SDK。
同图像分类。
第 9 步：模型部署。
将下载好的 SDK 解压并执行，输入 SDK 序列号，启动服务。
通过 EasyDL 平台手册，获取 Python 代码（见图 8.29）。

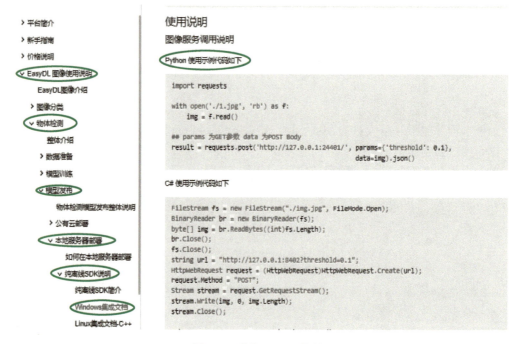

图 8.29　获取 Python 代码

任务 8.3　物体分割——螺钉螺母分割

【任务描述】

对比物体检测，物体分割支持用多边形标注训练数据，用于识别物体位置或轮廓的场景。物体分割分为实例分割和语义分割两个任务。

本任务以螺钉螺母分割为例演示实例分割模型训练全过程。

【预备知识】

8.3.1　实例分割

实例分割是检测任务的拓展，要求描述出目标的轮廓（相比检测框更为精细），将不同类型的实例进行分类,比如用 5 种不同颜色来标记 5 辆汽车。分类任务通常是识别出包含单个对象的图像是什么,但在实例分割时,需要执行更复杂的任务。我们会看到多个重叠物体和不同背景的复杂景象,这时不仅需要将这些不同的物体进行分类,而且还要确定物体的边界(见图 8.30)。

图 8.30 实例分割场景

8.3.2 语义分割

对比实例分割,语义分割是将每个像素点归属为对象类的过程,适用于分割目标主体单一的场景。简单举例来说,语义分割能够识别出图片中哪些像素是归属于"人"的标签,但无法区分"不同的人"。

语义分割是对前景、背景分离的拓展,要分离开具有不同语义的图像部分(比如,识别它是汽车、摩托车还是其他的类别)。除了识别人、道路、汽车、树木等之外,还必须确定每个物体的边界,见图 8.31。因此,与图像分类不同,需要用模型对像素进行预测。

图 8.31 语义分割场景

【实施过程】

第1步：准备训练数据。

实例分割需要提供包含目标物体的图片并标注物体的位置、轮廓、名称，如图 8.32 所示的螺钉螺母。

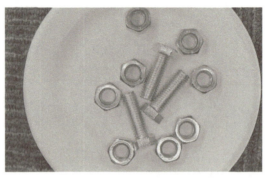

图 8.32　准备训练数据

第2步：创建数据集。

在"数据总览"页面单击"创建数据集"，在数据集创建界面输入数据集名称、选择标注类型后单击"完成"（见图 8.33）。

图 8.33　创建数据集

第3步：导入数据。

数据集创建完成后可在"数据总览"查看已创建完成的数据集，单击"导入"。

数据导入支持无标注信息、有标注信息两种数据标注状态的数据以及多种导入方式，下面以无标注信息图片的导入为示例来说明。

第4步：标注数据。

在"数据总览"页面找到需要标注的数据集（见图 8.34），单击"查看"，跳转至标注页面（见图 8.35）。

项目 8　让机器拥有"视觉感知"能力——计算机视觉

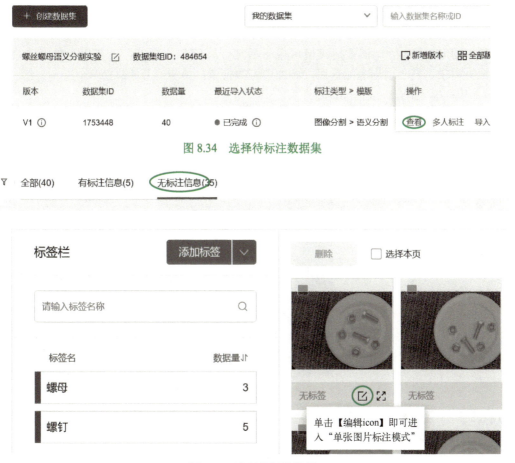

图 8.34　选择待标注数据集

图 8.35　选择待标注数据

在左侧标签栏下，单击"添加标签"创建数据集标签，进入标注页面（见图 8.36）。

图 8.36　标注数据

标注数据首先从图 8.36 中工具栏选择标注方式，本项目选择"圆形"方法标注，然后按照要求标注好，在弹出的标签选择框选择需要的标签。所有物体都标注完成后，单击右上

263

角"保存"按钮。如果标签不在选择的范围内,可单击图 8.36"添加标签"添加新的标签。

第 5 步:创建训练任务。

标注完所有图片后,该数据集便可用于后续训练任务。在任务总览界面单击"模型训练"。根据需求选择各项训练配置后,添加训练数据集,单击"开始训练"。

第 6 步:模型校验(见图 8.37)。

图 8.37 模型校验

从图 8.37 可以看出,分割结果不够理想,主要是因为这里只标注了 5 个样本,样本标注不够精准、数量少。

参考文献

[1] 刘鹏，程显毅，李纪聪. 人工智能概论[M]. 北京：清华大学出版社，2021.

[2] 程显毅，任越美，孙丽丽. 人工智能技术及应用[M]. 北京：机械工业出版社，2020.

[3] ITPRO，NIKKEI COMPUTER. 人工智能新时代[M]. 杨洋，刘继红，译. 北京：电子工业出版社，2019.

[4] 文之易，蔡文青. ChatGPT 实操应用大全[M]. 北京：中国水利水电出版社，2023.

[5] 李世明，代旋，张涛. ChatGPT 高效提问：prompt 技巧大揭秘[M]. 北京：人民邮电出版社，2024.

[6] 龙志勇，黄雯. 大模型时代[M]. 北京：中译出版社，2023.

[7] 许春艳，杨柏婷，张静，等. 人工智能导论：通识版[M]. 北京：电子工业出版社，2022.

[8] 韩泽耀，袁兰，郑妙韵. AIGC 从入门到实战：ChatGPT+Midjourney+Stable Diffusion+行业应用[M]. 北京：人民邮电出版社，2023.

[9] 吴畏. AI Agent：AI 的下一个风口[M]. 北京：电子工业出版社，2024.

[10] 史昕，黄承宁，李维佳. 低代码：企业应用实战[M]. 北京：清华大学出版社，2023.